大学生情绪管理与思想政治教育

严淑华　郭林锋　著

北　京
冶金工业出版社
2023

内 容 提 要

大学生思想政治教育是高校立德树人的重要方式，但如何取得更好的效果，是思想政治教育工作者一直追求的目标。情绪管理，是接受教育者把控自身情绪，思想政治教育工作者运用自己良性情绪，审视受教育者情绪衔区，对良性情绪充分挖掘运用，对不良情绪进行调节和转换，建立沟通桥梁，运用最佳方式达到思想政治教育的目的。情绪伴随人的一生，同样伴随大学生的成长。本书通过分析大学生的情绪特点，把握情绪规律，掌控情绪对接点，做到有的放矢，提升思想政治教育效能。

本书可供高校思想政治教育工作者、教师以及在校大学生等阅读参考。

图书在版编目(CIP)数据

大学生情绪管理与思想政治教育/严淑华，郭林锋著．—北京：冶金工业出版社，2022.1（2023.8 重印）

ISBN 978-7-5024-9081-2

Ⅰ.①大…　Ⅱ.①严…　②郭…　Ⅲ.①大学生—情绪—自我控制—研究—中国　②大学生—思想政治教育—研究—中国　Ⅳ.①B842.6　②G641

中国版本图书馆 CIP 数据核字(2022)第 054162 号

大学生情绪管理与思想政治教育

出版发行	冶金工业出版社	**电　　话**	(010)64027926
地　　址	北京市东城区嵩祝院北巷 39 号	**邮　　编**	100009
网　　址	www.mip1953.com	**电子信箱**	service@mip1953.com

责任编辑　夏小雪　卢　蕊　美术编辑　燕展疆　版式设计　郑小利
责任校对　梅雨晴　责任印制　窦　唯

北京建宏印刷有限公司印刷

2022 年 1 月第 1 版，2023 年 8 月第 2 次印刷

710mm×1000mm　1/16；8 印张；128 千字；117 页

定价 52.00 元

投稿电话　(010)64027932　投稿信箱　tougao@cnmip.com.cn
营销中心电话　(010)64044283
冶金工业出版社天猫旗舰店　yjgycbs.tmall.com
(本书如有印装质量问题，本社营销中心负责退换)

前言

人有意识，同时就会有情绪，人的情绪表现形式多种多样，甚至有显性与隐性之别。大学生作为特殊的群体，作为处于思想活跃期的青年一代，其情绪反应、情绪表现、情绪管理与控制都具有特殊性，表现出难以把握的状态。青年人思想活跃，各种思潮碰撞，对其世界观、人生观、价值观形成具有很大的影响。如何帮助大学生在面对各种各样的事件及思想、观点有变化的情形下有效把握情绪，培植他们正确的思想意识，做好高校意识形态工作，是摆在思想政治教育工作者面前的一大课题。分析大学生的情绪特点，把握其良好情绪期，对于高校思想政治教育起到了推动作用，并能够提高高校思想政治教育工作的有效性。

思想政治教育是对人的工作，做人的思想工作，人的思想是动态的，不是固定不变的，思想政治教育工作就是通过思想的引领，把人的思想统一进而战胜一切困难。在世界发展的过程中，人的思想也会随之变化，思想政治教育工作者就要针对这些变化制定相应的工作策略，这就要求教育者不仅要用适当的方法，还要选择情绪合适的时机，更要注重思想传播与传达的路径以及受教育者的接受度。不同的时期，思想政治教育存在不同的内容，这也是一个动态的展现。有时它的多样性会影响到思想政治教育工作者的教育内容选择和过程的偏离，这就需要找寻核心内容和主题，与受教育者详尽沟通，在沟通中达到思想与境界的一致，选择受教育者喜欢并遵循的内容，对思想政治教育者来说最容易传播，对受教育者来说最容易接纳。这就给思想政治教育工作者提出了一个考验，如何选择，用什么方式传播，观察并关注受教育者的反应及情绪变化，在受教育者情绪最佳时期对其进行传授。思想政治教育工作是有一定规律的，规律是事物内部的、本质的、必然的联系，从思想政治教育工作本身去寻找不同人、不同团体、不同组织的工作规律，是把握本质特征与提高工作效率的良好途径。在大学生思想政治教育工作中，教育者要扑下身子，找寻大学生情绪运动规律、团体思想规律、不同时期情绪表现规律，找准热点、难点，把握关键点，适时地进行工作，是做好大学生思想政治教育的良好路径。

只要在社会中生存与生活，就必然要与人打交道。每一个以个体形式存在的人，性情不同，受教育程度不同，成长环境不同，思维方式不同，看问题的角度不同，情绪阶段表现不同，交往的态度和交往效果也会不同。在生活中，每个人都会遇到各种各样的问题，在情绪低落、心情不好时，处理问题与平时的差异就会倾向于简单和片面，难以恰当处理。由于情绪控制不当，可能还会导致不良的后果。大学生正处在青春期的关键时期，思想敏锐活跃，各种状态不稳定，情绪波动比较大，且管理情绪的能力有待增强，难免出现一些失控行为。但是，大学生是有知识有文化的群体，能够做到正确适时地调控自己的情绪是一种要求、一种能力，更是一种本领。针对其特点与需求，开发一些适合大学生特点的情绪管理方式和引导方式，让他们自我调控、自我管理、共同提高，有助于校园文化建设与和谐校园建设。

社会是由人构成的，人是社会的主体，但社会中的人并不是一个个体存在物，即社会并不等同于人的简单组合和个体相加，社会不是一般群体或团体，社会是人类自身在劳动过程中形成的相互有机联系、互利合作的群体，在特定的组织中，社会各成员之间存在着必然的紧密联系，通过一定的分工、协作和基本的价值取向联结成一个相互关联的整体。这就是说，人的一生要受到社会环境的影响，受到社会体制和机制的约束和管理，其生活方式和行为方式都会源于社会意识和社会观念。社会自身的自我完善为个人更好地调节心情和情绪奠定了物质和精神基础，个人应该能够主动地调整自身与环境的关系，创造自身生存与发展的条件。

人的一生从来不是一帆风顺的，有欢乐有痛苦，有顺境有逆境，人若能够改变思路，调控情绪，转变不良情绪，就会在人生中占据积极位置，把握时机，完成愉快的人生旅途。情绪调控和快乐人生有着密切的关系，从不同的角度看问题，用不同的思维方式解决同一个问题，就会起到不同的效果。人的一生，如果要同快乐握手，就要不断地调控自己的情绪，改变思维方式，调整心态，阳光看待每一件不顺心的事物，同时，还要做到有明确的目标，并朝着目标全力以赴，善于寻找身边的快乐、创造快乐，提升心灵的境界。

人是思想政治教育的核心，思想政治教育的目的和整个过程都是为了使受教育者认同并接受教育者所要传播的思想。在现代思想政治教育中，运用情绪管理的方法，更能体现以人为本的思想策略。

严淑华　郭林锋

2021年11月

目　　录

1　情绪概述 …… 1

1.1　情绪认知 …… 1

1.1.1　情绪及其表现 …… 1

1.1.2　大学生活适应期的情绪调节 …… 4

1.2　情绪体验与表达 …… 9

1.2.1　体验情绪 …… 9

1.2.2　情绪的表达及情绪管理 …… 10

2　大学生的情绪 …… 15

2.1　培育积极情绪 …… 15

2.2　调节消极情绪 …… 21

2.3　规避非理性情绪 …… 24

2.4　大学生情绪与自我认知 …… 30

3　思想政治教育对大学生情绪的引导作用 …… 34

3.1　把握思想政治教育中的情绪 …… 34

3.1.1　思想政治教育工作者对情绪的把握 …… 34

3.1.2　避开情绪误区 …… 38

3.2　把握情绪管理与引导的最佳时机 …… 42

3.2.1　情绪周期的界点分析 …… 42

3.2.2　情绪周期的界点分析与思想政治教育的契合 …… 50

4　大学生的情绪管理 …… 51

4.1　情绪管理及其原则 …… 51

4.1.1　本能的情绪管理 …… 51
4.1.2　情绪管理的原则 …… 60
4.2　管理情绪的方法与手段 …… 62
4.2.1　以目标为导向——做情绪管理舵手 …… 62
4.2.2　乐观——充满自信的情绪管理良药 …… 66
4.2.3　换位思考——乐观向上的情绪助推器 …… 71
4.3　情绪转换 …… 74
4.3.1　发散思维的情绪转换方式 …… 74
4.3.2　以创造快乐为手段　营造高昂情绪期 …… 76

5　情绪调控与转换 …… 81

5.1　情绪调控 …… 81
5.1.1　情绪的自我管理 …… 81
5.1.2　情绪表达与发散 …… 84
5.1.3　情绪控制与调节 …… 88
5.2　情绪转换与思想政治教育 …… 93
5.2.1　不良情绪的适时适度宣泄 …… 93
5.2.2　思想政治教育工作者对大学生情绪的把控与疏导 …… 94

6　基于情绪管理的思想政治教育 …… 97

6.1　思想政治教育要把握情绪 …… 97
6.1.1　思想政治教育工作者自身的情绪与管理 …… 97
6.1.2　思想政治教育实施的情绪期选择 …… 98
6.2　情绪管理中思想政治教育示范 …… 100
6.2.1　以失败积累的成功——“逆境大学”的收获 …… 100
6.2.2　逆境下思想政治教育的开展 …… 103
6.2.3　逆境中崛起的典范 …… 105
6.3　充分发挥情绪管理的思想政治教育效能 …… 108
6.3.1　基于疫情的大学生情绪与思想政治教育 …… 111
6.3.2　高校思想政治教育工作者是大学生情绪主导的引路人 …… 111

7　大学生活中的情商培育 …………………………………………… 113

后记 …………………………………………………………………… 116

参考文献 ……………………………………………………………… 117

1 情绪概述

当一个人呱呱落地，来到人世间，就融入了体味人生的过程。在人的一生中，喜、怒、忧、思、悲、惊、恐等种种情绪会伴随自己，每一个不同的成长阶段，都会有与之相对应的情绪及情绪体验。当一个人撒手人寰，驾鹤西去，离开人世，结束了一切心灵的体验，挣脱了所有情绪与情结的束缚，解开了所有物质和精神的纠结，却又给其他人带来了情绪上的冲击。人生就是在各种情绪的陪伴下度过的。而情绪要与社会的主流文化和价值观保持一致，这就为思想教育的情绪管理提供了思考和契机，同时在情绪管理与思想政治教育的对接上提出了挑战。

1.1 情绪认知

1.1.1 情绪及其表现

每一个社会生活中的个体，都会产生各种各样的情绪，人在社会生活的过程中会经历多种多样的情绪状态，与情绪打交道，这也是社会进程中不可或缺的内容。然而，在与不同人交往过程中，由于每个人成长的历程不同，阅历和经历不同，感知事物的度不同，情绪的体验也就不同。有时，清晨的鸟鸣也许会唤起我们无尽的遐思，翠枝上的露珠会带给不同的人兴奋、欣喜、思念等情绪体验。除了清晨，还有太阳的升腾、午后的暖阳、黄昏的日落；更有风霜雪雨、四季更替，每一个季节都会有与之相应的场景，每一个节日，都会有与之相应的纪念，每一个人的每一天都会产生情绪，犹如台阶梯级层层、繁杂闪烁。有时，一首忧伤的歌曲，也许会让人感伤，有时，同学的一句责备可能令人难过，把握和控制情绪就是人在生活、工作、学习中进步与升华的一件不能缺少的事情。

情绪是指人们在某一阶段，由于外在事物而引发的内心活动过程中所产生的心理体验，这种心理体验能够通过内在和外在形式表现出来，对人的行为选择有一定的影响和制约；或者说是人们在活动中，客观事物作用于人，体现人对此事物的态度，并产生的各种心灵碰撞的体验。情就是感情，绪指心情、思想等。情绪作为人的心理体验会通过一定的物质载体来表达，表达情绪的方式多种多样，归结起来可以从以下几个方面来品读和理解。

情绪的外在表现：一个人在受到某种情绪的影响之时会展示与情绪相一致的表情、姿态、语言、动作，这是情绪的自然流露，每个人都会有这种流露。但由于每个人的性格不同，有内向与外向之分，因此流露的程度也不尽相同。如有人狂喜时会手舞足蹈、开怀大笑，而有些人即使再兴奋也很内敛，没有太大的外露表情。有人悲痛时号啕大哭、失声痛哭，而有人则把痛苦压在心底，默不作声，力争扭转。有人怒会咬牙切齿、忧会茶饭不思、悲会痛心疾首等，如此种种都是情绪的表达，在我们的生活中都有所体现。

一个人的任何情绪被别人所了解，所掌握，都是其外在表现的结果。一个人从来没有外露的情绪也是不可能的事情，不论怎样收敛，在某种情绪抵达心灵深处的时候都会有所反应。但是，人的情绪是可控的，通过控制不良情绪，调整自己身体和心理的不适，调和人际交往关系，顺应时代变迁，促进个性发展。

情绪的心理反应：情绪的外露可以形象地表达情感，释放人内心的压力，而情绪对人心灵的震撼是深厚而持久的。有些情绪在人的心中根深蒂固，久久挥之不去，对人影响至深，每每遇到相近事件都会有原事物重现影像。兴奋的情绪可以加速血液循环，加快心跳，提高人的接受度和亲和力；沮丧的情绪会成为心理的负担，增加压抑，令人容易冲动和发怒，对人做事的顺畅度有阻碍。

情绪的外延影响：情绪不仅是一种内在的反应，这种反应也不仅仅是给自身或个人的某个方面带来影响，它还有可能会向外扩散，向更大更广的范围扩散、辐射、蔓延，这是情绪所具有的感染功能。情绪首先会以外在形式表现，良好的情绪不仅有笑脸这一种直观表达方式，还能够延展至做人做事，人的身心愉悦既能够用行为表现出来，也能够在长期的生活、工作等过程中得以展示并提升。人的不良情绪也不仅是以哭的表情展现，还能够在生理的、身体的其他方面表现出来，情绪的生理反应和物态表现形式不容回避，由不良情绪引发的疾病也是屡见不鲜的，中医认为：怒伤肝，喜伤心，思伤脾，悲伤肺。有资料表明，癌症的发病也与不良情绪有一定关系，与生气造成的人体生理机理运行不和谐密不可分。况且，不良的情绪还有可能会导致自残、自杀等恶性事件的发生。其次，由于情绪涉及意识的体验，在人的思维与认知过程中产生影响，因此，它的延展还涉及人与人之间关系的融洽，影响到集体的向心力、凝聚力与和谐程度，过喜过悲、过狂过躁都是不好的。再次，集体情绪的失控或失调还会对社会产生影响，比如集体聚集闹事、集体自杀等。这种团体的不良情绪表达可能会影响到社会和谐建设，必须加以引导和规避。

不同年龄段的情绪表现：人的情绪伴随一生，在不同的年龄阶段，由于人的生理和心理成熟程度不同，人的情绪表现也会有不同的特质。婴儿阶段，由于处在智力形成发展时期，所以只有生理的反应带来的情绪，这种情绪较为单纯，吃饱就笑，饿了就哭，困了就闹，睡足就玩，拉尿就哭，有人陪伴就笑。孩提时代，虽然情绪也比较单纯，但相对于婴儿时期要复杂一些了，对于长辈的教导等会做出情绪表现，能够从语言的内容、声调、口气等多方面捕捉信息。青少年时期，这是人情绪最为复杂的时期，有人称之为“狂风恶浪”时期，在这个时期，容易情绪波动较大，思想比较活跃，喜怒哀乐易形于色，不易收敛自己的情绪。成年时期，各个方面已基本定型，做人做事比较沉稳，情绪波动小，控制力强，情绪差异系数缩小，空间跨度也变小，趋于合理平衡波动区。老年时期，随着智力、记忆力逐渐下降，行动缓慢，肢体老化，在情绪上容易出现返童现象，乐于接受别人的赞赏和鼓励，易于产生悲观情绪，心理上比较脆弱，易于接受帮助。值得注意的是，更年期的人受到身体内分泌影响，情绪波动大且间隔短，易怒、易慌乱、易恐惧，倾向于低沉、落寞的情绪状态，要多加疏导。

情绪影响的正向与负向：情绪的影响不是我们感性中所认为的那种只会带来负面效应，情绪的影响力是分为正向和负向的。高亢激奋的情绪给人充足的动力，提起人的精神，增强精力，为人做事、处理问题提供充足的动能，易于良性循环运转，容易收获正向的效果。不良情绪是做人做事的大敌，如激怒狂躁的情绪容易干扰理智和理性，打乱正常思维习惯，注入非科学思维，导致错误的决定或决策，得到负效应甚至不良后果。

情绪具有感染性：以团体为单位生活的人，多少会受到来自团体其他成员相应情绪的感染。尤其是风华正茂的大学生，他们思想活跃，易于沟通交流，容易产生思想共鸣。比如，一个人有了喜讯，整个宿舍都会为之欢欣鼓舞，共同庆祝，即便有人刚才还处于不愉快的情绪状态，也会受欢乐气氛影响，不开心刹那间烟消云散，沉浸在喜庆之中。假如一个人想家了在闷声哭泣，另一个人可能受到其情绪的影响，本来自己并不想家，也没有其他伤心之事，但也有可能会潸然泪下，情绪流露有可能会感染旁人。

1.1.2 大学生活适应期的情绪调节

人生存的方式是生活，雨果说，你要了解生存与生活的不同吗？动物生存，而人则生活。生活是简单而复杂的，是单调而丰富的，是单一而多彩的。生活中，人们在不同的日子里，在不同的事件下，在与不同的人交往中，都会有喜怒哀乐忧思恐等反应，这些反应就是情绪。不同的情绪伴着人的生活，对应着不同的生活情趣和处事结果，有时可能得到的结果与预期相反。

大学，是人一生中最为关键、最为幸福、最为放松、最为重要、最为难忘、最有收获的美好旅程。在这个美好旅程中，大学生的情绪反应却不一定完全被美好所独占。大学阶段是青春最为关键的时期，具有承上启下和承前启后的作用。由于大学生正处在生理上的变化期和心理上的“断乳期”，又受到多样化外来事物的冲击，这个阶段情绪波动会很大，不良情绪也偶有滋生，如爆发冲动情绪，不良情绪管控不当可能会导致校园不良事件的发生，因此必须对大学生加以正确的引导，教导他们如何控制不良情绪，保证校园和谐、大学生和谐。大学生有时孤寂无聊，有时不知道如何度过闲暇时间，有人觉得自己生活单调，每天上课、下课、食堂、宿舍，周而复始，日子过得平淡，缺乏新鲜感，每天的阳光依旧如此，很难激发自身的活力。其实，无论处于哪个人生阶段，生活都很简单，也很平凡，如果你不想安逸，不喜欢日子无波无澜，那么就不妨把握住业余时间去培养一些兴趣爱好，带着激情去创造改造，换一种方式来生活与学习，也许从中能悟出更有用的人生价值。

刚刚步入大学时，大学生会有不适应性。跨出中学，迈进大学校门，角色的升级伴随着生活方式、学习方法和人际交往的变化，带给了大学新生们全新的感受，为此新生在英文中也被称作“Freshman”。报到结束后，亲人在远处，刚相识的同学在身边，环境新鲜又陌生，新生军训又即将开始，这一切静静地拉开了大学生活的帷幕。陌生的环境，陌生的人交织在一起，不免感到困惑、焦虑、空虚等，怎么去处理这些情绪呢？

从中学生到大学生，角色的转变会引发不适应。对于中学时就是班里顶尖级人物的同学，或在某个地区是出类拔萃的同学，到了大学会遇见更多的人，其中不乏比自己更优秀的同学，要正确处理自己的情绪。现在大学都是面向全国招生，经过了层层筛选，把优秀的人聚集在了一起。“我从初中开始，就是班上的第一、二名，是父母和老师心中的骄傲。但是，到了这里，我不知道自己还能不能保持这个状态，有点焦虑。”这是一位大一新生的肺腑之言。“大家学习都挺厉害的，这让我心里没有底，心总是悬着。”这是很多学生担心的。“以前的学习方法到大学里还不知道能不能适用，若不适应怎么改变，没有头绪。”这也是部分同学的忧虑。“大学生活这么新奇，四年或五年的时间，干些什么才不浪费呢？”这也是有人提到的问题。面对陌生的环境、陌生的人，如何适应是值得思考的。在一段时间内，会感到不知所措，无所适从，想家、想亲人等，尤其是内向型的同学。这时就要多调节情绪，尽量使自己处于积极的情绪状态。

除了角色转变离家等生活不适应外，在学习上也表现出某种不适应，这也是摆在很多新生面前的一道障碍。中学是教师带领学，每天有老师监督，作业留得比较多，考大学的目标明确，到了大学以后，中学阶段学习上的佼佼者可能不再突出，也不再受到家长、老师的督促，跨进大学校门后，尤其是重点、名牌大学的校门，几乎每个人都有着辉煌的过去，人人都是学习尖子，个个都是高手奇才，新生对自己的评价比之以前会少了许多信心。而在学习过程中，部分新同学缺乏学习的自觉性，而目标也可能不太明确，新生初入学的前一段时期，难免出现个别学生因担心学习而情绪波动的情况。

在日常生活中，也会有部分新同学表现出明显的不适应性。各地风俗习惯不同，吃食习惯也不同，到了一个新地方，有当地的生活和吃食习惯，可能会造成部分初来乍到的新同学不太适应。比如有人不吃辣椒，到了湖南，不管是学校还是街上，似乎什么食品里都含有辣椒，这时吃饭就成为困扰某些同学的问题。不过在大学阶段，生活习惯上的不适应还是很好克服的。

有些地方由于气候问题导致部分同学不适应。我国地域辽阔，气候多样，分层现象明显，东北和西南差距就很大，尤其南方没有暖气，对于住惯北方暖气房的大学生来说，睡觉时会较不适应寒冷，容易使他们滋生浓厚的思乡之情。

人际交往中，部分新同学感到不适应。中学时期，大多数同学目标是单一的，就是如何考上大学，中学生的注意力集中在学习上，关注点是成绩的变化，在人际交往技巧方面涉及得比较少，时间也不允许，范围往往在比较熟悉的人之间，如父母、老师、同班同学等，涉及的内容也比较单纯。进入大学后，面对新的环境、新的人群，许多事情要自己独立完成，除了学习以外，还要结识不同地区的新同学，彼此交流感情、沟通习俗，生活更加多样化，人际交往的范围就扩大了，特别是与来自不同地区、风俗习惯不同、性格各有差异的同学生活在一起，一些学生十分内向，又缺乏人际交往技巧，可能初入大学在人际交往方面会有不适应，但随着同学之间相处的加深，这种不适应感会很快消失。

情绪是自身的一种正常反应，大学生应该主动认知自我情绪。由于学习和生活环境的变化，一年级大学生需要调整自己，完成角色的转变，对自我进行重新评价。如果不能正确地认识自己，重新自我评价，尽快适应大学生活，会有可能影响到学习、生活的各个方面。对新入学的大学生来说，客观、公正、有效地认识自己，重新自我评价，进行正确的自我设计，建立新的奋斗目标，对维护适应期的心理健康是非常重要的。

要想控制和把握自己的情绪，就应该客观地认识自我。自知、自鉴是自励、自勉、自控的基础，对人的各种行为活动起着调节的作用，是建立理想自我的基础。实践证明：一个人自我认识、自我评价的水平越高，越能促进自身的健康发展；只有全面而客观地评价自己，才能有效地使自己健康发展。大学新生对自己要有一个明确的认识和正确的了解，客观地评价自我，对自己的身材和外貌、品德和才能、优点和不足、过去和现在，甚至将来都应有一个正确的认识，做到全面而客观地评价自己，这会有助于自己适应新的环境。部分大学新生看待自己不够客观全面，总是看到自己的某一面，而看不到其他方面，碰到不称心、不如意的事，就可能开始怀疑自己，甚至可能产生失落与自卑的情绪。如有一位新生由于在中学缺乏英语听力和口语的训练，到大学后每当上英语听力课时，面对老师的问题会有些不知所措，偏偏老师又记住了她的名字，总提问她，这时她就认为自己不行，变得有些自卑，又怕同学嘲笑她，以致一上听力课就紧张，甚至有点惧怕上听力课。这位同学由于不能正确地认识自己，没能直面自己的不足去战胜困难，没有衡量自己的合适尺度，因此没能克服不适应。应采用类比法，将自己与其他条件相类似的同学进行比较，看别人是否存在同样的问题，如果与自己条件差不多的同学也如此，那么就是自己基础差的原因，并不是自身固有的能力差，应针对自己的不足，制定提升目标并朝着目标努力，逐步改变现状。

还有一位新生，从一所省重点中学考入了一重点大学的热门专业，在中学时他是班干部、班里的学习尖子，常得到老师、同学、家长的赞誉，又考进了重点大学的热门专业，从他接到入学通知书的那一时起，他就思考要如何在大学里展现自己的能力。然而大学第一学期的期中考试，他的成绩不理想，只是中等水平。这对于他这个中学的尖子生，一个自尊心极强，一直受到老师、同学关注的人物来说有些受挫，他一下子接受不了，情绪非常低落，心理负担很重，从骄傲变得有些自卑。其实这位同学存在着不能调整心理落差，不能正确认识自己，重新自我评价的问题。这位同学尽管在中学各方面很突出，但进入到大学，环境变了、同学变了，班级成员的基础条件也变了，这时应端正自己的态度，重新审视自己，找到自己与别人的差距所在，正确认识自己，逐渐适应大学的学习内容与方法，努力提高成绩。

辩证地反省自我，也是情绪控制的前提。反省自我即是运用自我观察、自我分析、自我报告的方法，对自己所思、所想、所行进行自我反思并正确评价。大学生可以通过对自己的言行举止、心理活动等进行耐心观察，在观察中加强对实际现象的分析，在合理的自我分析中形成自我报告。通过对自我报告的反省，严于剖析自己，使自我评价更客观。对自己有了客观的评价，还应接受自己，正确看待自己的优势与劣势。一年级大学生应有勇气承认自己的缺点与不足，不要过分追求完美。俗话说："金无足赤，人无完人。"也正如演员徐帆所传达的，完美是形容人的吗？人不可能完美。世界上没有十全十美的人，现实生活中的每个人都有优点和缺点、长处和短处，一个人的能力再强，或者是再优秀，也不可能在每件事上都超越别人。如果不能正确看待自己的优势与劣势，只看到自己的优势而不愿看到劣势，只看到自己的劣势而看不到优势，都会影响到自己的情绪，为适应生活带来障碍。如一位来自农村的女生，自幼刻苦勤奋，成绩优秀，考入大学后，由于城乡环境的差异使她觉得自己在服饰、语言、动作以至风度上都不能与城市来的同学相比，内心产生了“先天不如人”的自卑感：上体育课时觉得自己的动作不如别人优美，上课发言时觉得自己讲话不如别人流畅，与别人交往时觉得自己没有别人有风度，等等。害怕在别人面前表现自己，逐渐发展到害怕与别人交往。这位同学的问题在于只看到自己的不足，而且放任自己加深了对不足的关注，忽视了自己的优势。由于生活环境的不同，来自城市里的同学与来自农村的同学相比，有一些他们的优势，如知识面、语言、外语、文体等，但来自农村的同学也有自己的长处，如勤奋刻苦、吃苦耐劳、生活自理能力强等。这位同学应客观地分析自己的优势和不足，自己与别人的差距是可以通过不断学习进步来缩小的，而不应采用回避的做法，更重要的是要通过分析自己然后不断地肯定自己来提高自信心。

双重性树立自我。“理想我”，是指个体理想中的个人自我，它包括自己所希望达到的理想标准，以及希望他人对自己所能产生的看法。“现实我”，即个体实际表现的自我，个体现实存在的水平。如果“理想我”与“现实我”存在一定程度的差异，可以促进个体的发展；但如果对“理想我”要求太高，反而易丧失信心，出现各种问题。美国人本主义心理学家罗杰斯的很多研究结果都表明，“理想我”与“现实我”的过分失调往往是产生神经症等心理障碍的主要原因。北京大学心理系学者的研究表明，在大学生中“理想我”与“现实我”的差距越大，其抑郁方面的得分越高。大学新生应将“理想我”建立在“现实我”的基础上，建立合乎自身实际情况的“理想我”，即不要将“理想我”的标准定得太高，否则“现实我”与“理想我”之间存在太大差距，别人的评价亦达不到自我的期望，易产生失望、抑郁等消极情绪，带来适应问题。

优势地发现自我。大学生还需要在对自我全面、正确地认识与评价的基础上，从自己的实际出发，结合自己的优势，确立新的奋斗目标。有了目标，才能产生前进的动力；才不至于不知做些什么，产生空虚无聊等体验。在确立目标的过程中，必须遵循由近到远、由低到高、循序渐进的原则，一个一个逐步实现。每个目标还应适当、合理，经过努力可以达到。心理学研究表明，一个人从事某种活动的动力，取决于他们行动的全部结果的期望值和达到目标的可能性。因此，确立适合自身实际情况的奋斗目标，对于实现理想、发挥潜力，适应大学生活都是有益的。

1.2 情绪体验与表达

1.2.1 体验情绪

情绪既然伴随每个人的每一天，那真诚体验情绪是我们认知情绪、管理自我情绪的始点。我们每个人都有过情绪不振的情况，也体验过兴奋、热烈、高兴的情绪，从心理学角度说，当一个人情绪高涨时，做事情就容易事半功倍；但当一个人情绪低落时，容易出现反应迟缓、愚钝、懒惰等情况，做事情的效率会低，出现错误的可能性也会大。实际上，情绪是复杂的，情绪的复杂性不仅是情绪本身，形成情绪的缘由也是复杂的，快乐、愤怒、恐惧和悲哀是最基本的情绪，还有许多其他情绪。我们每个人都会有这样、那样的情绪体验，很难想象世界上还存在没有情绪体验的人。

快乐，可分好几个层次，如高兴、欢乐、欣喜、狂喜等。昨天你听同学说了个笑语，哈哈大笑，这是快乐的情绪体验。某天你听到一个好消息，心里美滋滋的，活蹦乱跳了好几天，这也是快乐的情绪体验。有时，你做了几个小时都没把一道数学题解出，后来终于解出来了，算出正确答案的当儿，相信你心中肯定非常快乐，甚至十分有成就感，而当你平时没付出那么多时间就解出问题时，则体会不到这种感觉。有心理学家总结："我们达到较难达到的目标时，会感觉快乐，尤其目的在意想不到的时候达到，带来的快乐更大。"

愤怒，常由挫折引起，当一个人明了使他受挫的原因是某人或某事时，会对该人或该事感到愤怒（还可能会感到沮丧）。例如，你的好朋友某天对你很冷淡，你觉得心里难受，会去想到底是什么原因导致他对你冷淡，反省自己是否做错了什么。当你最终得知，是某某在你朋友面前造谣，说你的坏话，你会对此感到愤怒。

悲哀，可在强度上区分为：遗憾、沮丧、失望、悲伤、哀痛、绝望等。失去心爱的物品使人感到遗憾；失去好朋友，会令人悲伤；亲人去世会使人哀痛以至绝望；失去的东西在我们心中的价值越大，我们悲哀的程度越强。

恐惧，产生于人们担心自己不能控制或处理某种环境时，它在强度上分焦虑、忧虑、紧张、慌乱、恐怖等。焦虑与紧张或许我们体验得较多。每当考试来临，不时有一些同学感到焦虑，然而每个人面对考试的情绪表现却不一样，有的人考试前觉睡不好，饭吃不下，而有的人则能平静地对待它，正常生活。事实上，焦虑过度会影响临场发挥，以至于平时知道的知识点，可能到了考试时却做不出来了。因此，适当控制自己的焦虑与紧张非常必要。究竟如何调节，在本书第二章中会有具体说明。

羞耻，这是对自己作不太肯定的评价时而产生的一种情绪，原因在于怕自己丢脸。害羞是羞耻感中最浅的层次，害羞常有的行为表现：垂眼、不敢直视他人，脸红，说话不流畅或根本不说话。害羞也与人的性格有关，内向的人更易害羞。羞耻感依次还有内疚、羞愧、懊悔等。例如我们曾答应帮朋友的忙，结果忘记做了，这时会感到非常内疚。

嫉妒，这是一种消极情绪，通常由自己不能正确看待他人的成功而引起的。它与羡慕不同，后者是一种积极的情绪，会激励我们付出更大的努力，也能促使我们去吸收他人的成功经验。而嫉妒只会使人变得心胸狭窄，变得视野不宽阔，不善于吸收他人经验，从而更加减少自己成功的可能性。柏杨先生曾对嫉妒做过解释，“你比我行，我一定把你拽下来”和“你比我行，我一定要超过你”两种不同的心态，这两种做法会出现两种相反的结果。当然在一定程度上，并不一定全对，但其给我们带来的启发效果却是明显的。

爱，也是一种情绪体验，它是对他人的肯定体验，与之相对的是恨，即对他人的否定体验。父母对自己孩子的爱，夫妻之间的爱，朋友之间的爱，同学之间的爱，师生之间的爱等都是爱。恨则与怒相联系，对某人的怒常会引发对该人的恨，恨会导致自己做出不理智的行为去伤害对方，这是恨的消极作用。但恨也有积极面，例如对敌人的恨可让战士勇猛冲锋攻克强敌，就是恨的积极作用的表现。

许多情绪是相互掺杂、相互交错的，各种情绪不会独立存在而截然分开，所以，人在面对情绪时更应综合分析，厘清引起积极情绪和消极情绪的因素，才能更好地了解情绪而把握情绪，让正能量的情绪发挥更好的作用，让不良情绪对自身积极力的影响化解到最小。人类的情绪很微妙，有时只可意会，不可言传。每个人肯定都有这种不可言传的感觉，所以要学会自我认知、自我管理。

1.2.2 情绪的表达及情绪管理

有情绪就一定会有所表现。作为思想教育工作者，如果能够观察出这种表现，掌握情绪表现的规律，自觉在思想教育时关注情绪表现，恰当地运用情绪表现的正效应，就能够使思想教育收到意想不到的效果。

情绪表现又称为“表情”，是情绪的外在展示。比如高兴时手舞足蹈，悲痛时痛哭不已等。态度体验作用于有机体身上的外部表现即为情绪表现，包括面部表情、言语表情和体态表情。人类的基本表情有愉快、惊奇、悲伤、愤怒、厌恶和惧怕等。

这些表情所代表的含义，由于其外向性，思想教育工作者能够看到并感受到，比较容易观察，不论是面部表情，还是言语表情及体态表情，都是外在的，可观察的。在三者之中，体态表情是较难以掌握的，它自成为一门学问，叫做举止形态学。同一个体态，表现的人不同，代表的含义是有差异的。

面部表情，是最容易被思想教育者发现并掌握的。俗言道“醉人的笑容”，笑容是否“醉人”，这与感受者的感觉有关。表露于脸上的笑容是看得到的，人凡是笑了，就应该是情绪高昂的时刻，容易接受思想教育者所传授的教育内容，而且接受度高、接受得快。然而，正处于情绪低潮时期的受教育者，思维常还停留在自己的思想中，或者可能自己仍在使自己情绪低落的事件中挣扎，那么，对于教育者的传授，就较难听得进去。

言语表情，无论是了解受教育者的情绪，还是更好地开展思想教育工作，对言语表情的把握都很关键。一是语言的选择与表达，如直接而正面的语言，教育者容易掌握，而晦涩难懂的语言就要猜其中的蕴义。二是语言有张力和抑扬顿挫，平和、语速适中、高低音配合，这样的语言比较好分辨其含义。三是表达者的表述，完整与否也影响教育者的判断。言语表达看起来容易，但实际上，这也是一门学问，这里的学问不是指的语法，而是表达技巧与表达艺术。同一句话，由不同的人说出来，用不同的语气说出来，都会有不同的意思。最后，还要考虑到地方的方言，方言是比较难掌握的，不了解受教育者表达时所用的方言是何意，很有可能造成不必要的误会，甚至起到反效果，导致教育不能很好地完成。

体态表达，加重了教育者的承载力。通过简单的动作来了解人的情绪，可以从心理学的角度分析，但思想教育不只是做心理分析，还要加入情境、事件等各要素对其进行综合分析，所以，难度便加大了。在教育过程中，最好的办法就是把面部表情、言语及体态表达三种情绪表达方式有机结合起来，通过“望、闻、问、切”综合考虑受教育者的状态与接受度，在最佳结合点的选择上下功夫，使思想教育起到良好的效果。年少的时候，我们可能会对此感到困惑：为什么有时候会毫无来由地心情不好，提不起干劲来？其实就像一年有春夏秋冬四季的变化一样，人的情绪也有周期性变化。

“情绪周期”，是指一个人的情绪高潮和低潮的交替过程所经历的时间。它反映出人体内部的周期性张弛规律，亦称“情绪生物节律”。人如果处于情绪周期的高潮，就会表现出强烈的生命活力，对人和蔼可亲，感情丰富，做事认真，容易接受别人的规劝，常有心旷神怡之感；若处于情绪周期的低潮，则容易急躁和发脾气，易产生反抗情绪，喜怒无常，常感到孤独与寂寞。

情绪周期就像是人生情感的晴雨表，我们可以据此调整好自己人生的节律。比如，情绪高涨的时候给自己安排一些难度大、繁琐、棘手的任务，因为人在良好的情绪状态下迎接挑战可以淡化畏难心态；而在情绪低落时就不要勉强自己，先做些简单的工作，也可以暂且放下手头上的事出去走走，多参加群体活动，放松思想，有了烦恼的事情多向信任的亲人和朋友倾诉，学会化解不良情绪，保持心态上的平和，安全地度过情绪低潮期。如果情绪低迷时还坚持做复杂而艰难的工作，不仅有可能会效率低，或许还会增加失败概率，并可能严重打击到自信心。

那么，每个人怎样才能知晓自己的“情绪周期”呢？一个完整的情绪周期一般是28天，但其中可能受到来自外部信息和事件的影响，不会呈现出相对完整的周期次序。按照可以规律呈现的情绪周期来说，我们将依次经历情绪高潮期—情绪临界期—情绪低潮期，然后再进入情绪临界期—情绪高潮期，并再次依序循环。这是和人的生理周期、生活节律期相关的。当我们处于情绪高潮期时，心情愉快，思路敏捷，与人相处融洽，办事效率高；当我们处于情绪低潮期时，情绪低落，精神不振，信心不足，注意力易分散，容易出工作差错；当我们处于情绪临界期时，情绪不稳定，精力特别不易集中，容易冲动。情绪临界期虽然持续时间较短，但对我们的影响却非常大，我们所做出的冲动行为往往就发生在这个阶段。但是，人们可能会受到外来信息和事件的影响，在情绪周期交错掺杂的情况下，比如：恋爱会使人兴奋，处于情绪低潮期的恋爱者，由于恋爱的兴奋点而出现情绪的兴奋，然而，恋爱受挫，情绪会低落，即使在情绪高潮期也会出现情绪低落。当获得奖励，人的情绪就会高涨起来，这是情绪周期内的波动。

大学生要把握情绪周期的关键点，掌握自己的情绪周期，并将其应用于日常生活之中。遇上情绪低潮和临界期，要提高警惕，运用意志力加强自我控制，也可以把自己的情绪周期告诉自己最亲密的人，一方面，他能提醒你，帮助你克服情绪低潮期；另一方面，也可以避免你们之间产生一些不必要的误会。

在传统社会发展中，人们对情绪缺乏更加深入的认知，了解更多的是负面情绪的影响，或者说，常认为负面情绪才叫做情绪，实际上，正面的情绪也是情绪，只不过他们的表达与作用不同罢了。现代社会发展很快，情绪对于人的影响至关重要，谁能掌控自己的情绪，在某种程度上，谁就能掌控自己的发展，掌控自己的未来。

积极处理本人的情绪问题。一个人最了解自己的情绪状态，传统意义上，处理自己的情绪问题有三种途径：忍、发、逃。忍：忍藏在心里。发：发泄出来。逃：使自己忙碌不去想起有关的事情。三种途径都没有效果。忍藏在心里，使得本人的心情不稳定，容易产生很多心理问题，现在的科学研究更是证实了这还会引起严重的健康问题。发泄出来的方式包括发脾气（这影响了人际关系和别人对你的看法）、疯狂购物等，每次发泄过后往往还是觉得不够彻底，经常要重复发泄，造成很大的后遗症。使自己忙碌不去想起有关的事情，当时也许会有点效果，但是每当夜阑人静，独自一人，或者睡前的某个时刻，情绪便又再涌出来，往往还会引发失眠问题。

有很多处理个人情绪问题的技巧，可分为两大部分：治标和治本。治本的技巧都很有效，使我们重新成为自己情绪的主人，掌控自己的人生并有所提升和突破，而不是无奈和无力。其实，所有心理困扰或多或少都会造成一些情绪问题。处理好自己的情绪问题，积极主动地去化解心理困扰，掌握良好的情绪调节能力，能使我们在人生中收获更多。

思想教育工作者要善于把握情绪、运用情绪管理做好思想教育工作。不是每个人都能够处理好他人的情绪问题，而思想政治教育工作者必须要努力做到。一般来说，处理他人情绪问题的方式，有四种传统类型是没什么效果的：

交换型——给予对方在乎的物品等来使对方的负面情绪暂时消失，与正面情绪暂时交换。例如给小孩子糖果要他停止哭泣，带对方去唱歌饮酒驱走负面情绪。这些都是暂时性的，因为没有消除负面情绪，只要那些暂时性的正面情绪消失，未化解的负面情绪又得再出现。

惩罚型——把负面情绪看作是不应该出现的，对方应因此而受罚。若对方是成年人，惩罚包括拒绝沟通、态度冷淡、冷言冷语等。这样孤立对方并不能舒缓他的情绪，而只会使他产生更多的负面情绪。

冷漠型——认为成年人应该有能力自己走出负面情绪，同时又认为那是每个人自己的事，应该自己处理，或者认为成年人不应把负面情绪显露出来。所以，行为模式是完全漠视对方的负面情绪，视而不见，又或者向对方表示对方应自己处理好情绪问题。

说教型——顾名思义，说教型是说大量的道理去开解对方，而实际上可能并不能体会对方的感受，这很容易使对方陷入更大的情绪困境中。

怎样才算拥有足够的情绪管理能力？有人认为“有修养”是良好情绪管理能力的同义词，良好的情绪管理能力只是“有修养”的一部分，“有修养”该是更深层次的品质。

当一个人拥有以下四种能力，才算有足够的情绪管理能力。

自觉力：随时随地都清楚地知道自己处于怎样的情绪状态，并能及时自觉地进行调整。这种自觉力不是天生的，是后天不断认知而培养的，是一种良好的生活习惯，是自身对情绪管理关注和重视的产物。

理解力：明白情绪的来源不是外界的人、事和物，而是自己内心的信念系统。这点也就决定了一个人是否会被环境所影响。

运用力：认识“负面”情绪的正面价值和意义，因而可以在三赢的基础上运用它，去达到更高的成功快乐。这是使负面情绪总具备“正面情绪”的性质。

摆脱力：当某种“负面”情绪不能帮助自己达到更高的成功快乐时，能够使自己从这种情绪中脱离出来，进入另外一种正面的情绪状态中。

总之，情绪是可以进行管理和控制的。这要基于对情绪的认知与个人素养的提高。加强学习，修炼自己，成功一定会照亮自己的前进道路。

2 大学生的情绪

经历了紧张的高考，跨过了“六月”的历练之门，青年学子步入大学的神圣殿堂，这是希望之光，也是奋进之果。这充满希望的奋争，经过洗礼和漫长的等待，青春之船即将在大学起锚，大学将翻开人生中崭新的一页。有人把大学作为梦想的摇篮，有人把大学作为远航起点，更多的人把大学作为以后找到好工作，开启好人生的指路明灯。大学是铸就梦的地方，是突破自我、实现人生价值的重要阶梯。步入人生的重要阶段，就要努力树立和培育积极情绪，努力实现自己的目标，努力掌握自己的命运。

2.1 培育积极情绪

有这样一句话：性格决定命运，气度决定格局，细节决定成败，态度决定一切，思路决定出路，高度决定深度，格式决定结局。积极的情绪奠定成功的精神力量，是积蓄成功的因素，是素质养成的重要基石。

乐观是一种精神财富。乐观的生活态度是每一个人所希望并期待的，生活并非一帆风顺，生活中会遇到矛盾、挫折等，而乐观像是一道清茶，滋润着每个人的心田。

积极情绪培育之一：接受自己。被接纳是每一个社会成员所需要的，只有被接纳才能融入集体与社会，想要被他人接纳首先要做到自我接纳。如果一个人对自己都不接纳，不能辩证地看待自己，不能正视自己的问题，他又怎么能引导自己向上从而被别人接纳呢？同时，自我接纳也是一个人健康成长的前提。

在生活中，不接纳自己的现象偶有发生，对自己不满、失望、否认、拒绝等不同程度地存在着，尤其是人在无能为力的时候更是容易否定自己。人是有脆弱性的，人的脆弱性在生活的各种磨难中得以反映，在人们后天的生活环境中难免出现挫折和不幸，然而人的不安和自我否定并不主要来源于挫败与身处不利的环境，而在于人自身的态度和认知，是人们将目标与需求变成了强求与苛求。

有些人对自己是极其苛刻的态度，总是不断地对自己进行挑剔，对于自我的接纳也是有条件的。有一位歌唱家，在迈进音乐殿堂之后，便执着地投入，不断地在歌唱中体验幸福的时光。由于他的出色和努力，不久，他在歌唱领域取得了一些成绩。由此，他的心态完全变了，不断地强求自己必须要成为一名伟大的音乐家，一名流芳千古的著名音乐家，不然就辜负了自己这一辈子，也会失去生命的意义。此时的他，陷入到了危险的情绪之中，他不断地为自己担忧，万一自己一事无成怎么办？万一自己唱的歌不被人喜欢怎么办？从此，他唱歌不再像从前那样怀着潇洒的心情，而是变得非常在乎别人的看法和评价，对环境中的不利因素更是十分敏感，他十分苦恼。歌唱家之所以会苦恼，是因为他试图用成败来判定自己的生命意义。随之而来的另一个消极后果便是：即使他取得了成功，一切都遂了自己的心愿，他依然无法挣脱烦恼的枷锁。因为他不能够保证自己会继续出色，继续成功。可见，学会自我接纳的前提是要停止对自己的苛求、停止与自己对立、停止对自己的不满和批判。不论自认为做了多少不合适的事，有多少不足，从现在起，停止对自己的挑剔和责备，要学会站在自己这一边，维护自己生命的尊严和价值。要正视自己的不足，也要允许自己犯错，无论做错了什么，我们都能从中吸取教训，并不再犯类似的错误。正视自己的弱点，它让我们懂得自己的局限性，使我们不至于张狂自大，同时也使我们更懂得尊重有长处的人；正视自己的弱点，不把时间花在自责和沮丧上，集中精力去发掘自己的优势，这样就可以少走弯路。

我们可以这样积极地对自己进行心理暗示：对于那样多的数学难题我可能解不出来，对于那样多的外文单词我也不会全记住，可是我发现自己在处理事务方面有特殊的本领；我的理化也许差一些，但我在写作上是能手；也许我五音不全，但我却有一双极其灵巧的手；也许我连一张桌子也画不像，但却精通下棋，并且我也有过人的气力。鲁迅曾经说过：即使是一般资质的人，一个东西钻研十年，也可以成为专家。在学会接纳自己的同时，我们也要学会接纳他人，这样才能进入良性循环，才能与他人好好合作。从一个人能否自我接纳，我们可以推断出他能否接纳别人；同样也可以从一个人能否接纳他人，推断出他是否接纳自己。如果我们能够学会真诚地接纳自己，就会很自然地去接纳别人。

当然，从学习接纳别人入手也可以尝试着接纳自己。如果接纳别人、尊重别人，别人通常也会对我们做出积极的回应。久而久之，我们在别人对我们的接纳里，会不断体会到自己的价值且感受到生命的尊严，于是，自我接纳便会产生，其结果殊途同归。

积极情绪培育之二：正确认知完美。世界上没有绝对完美的事物，也没有一个绝对完美的人，所谓的完美不过是一些虚幻的想象和苛刻的要求，或者是一种由自我情感导致的错位判断。因此，人们在面对自身的不足时要泰然处之，多一份满足，多一份自信，才不会被完美主义的心态所左右。

人们怀有完美主义的心态，追求尽善尽美是可以使事情完成得更好的，但是这种对完美的追求也是一个沉重的包袱，在现代社会的多方压力下，完美主义者更多地感受到了自己对现实的无能为力，从而变得急躁、自卑，甚至急功近利。

有句谚语说得好："世上没有不生杂草的花园。"阿拉伯人说得风趣："月亮的脸上也是有雀斑的。"说到底，金无足赤，人无完人。世界上没有绝对完美的事物，也没有一个绝对完美的人，因此，人们一定要卸下"完美"的包袱，对生活中的事情泰然处之，要承认自己的不完美，不要过分苛求自己，不要处处争第一，第一只有一个，要做有特色的自己。但丁说："尽心就是完美。"因此，我们一定要正确处理好努力与成效之间的辩证关系，及时缓解自己的心理压力，只要尽心努力就够了，过程本身也是一种收获。

不要让自己的完美主义倾向变成负担。有很多人之所以烦恼多，主要是因为其不能正确认识人生，不能全面地看待问题，导致视角发生了偏颇，因此，即使是正确的东西在他看来也是错误的了。把正确和公平看错，这是导致心理烦恼的诱因。

积极情绪培育之三：健康情绪的培养。让积极情绪成为习惯。泰勒博士指出："积极与个人处境有关，是指个人选择一个最能适应的环境和发挥了最高潜能的行为，是一个人把所有力量都运用到了极限而问心无悔的人生态度。"一个身患绝症的人和一个处于极佳创作状态的作家，虽然所面临的人生状态如此不同，但在情绪状态上很可能会是一样的，他们都可能是积极的，只不过前者是与疾病作斗争而感受到生命的勇气，后者是陷入创作高峰体验而感受到生命的激情。两者之比，没有量的规定，但在质的规定上是一样的。

有这样一个故事：汤姆奉命到沙漠里参加演习，妻子卓玛为了陪他，就跟着他来到沙漠的陆军基地，白天，每当汤姆去参加演习时，卓玛就一个人留在营地的小铁皮房子里，大家都知道，白天沙漠里的温度极高，即便是在仙人掌的阴影下也有很高的温度，日子非常难耐。尤其令卓玛无法忍受的是没有任何人可以聊天，在她的身边只有墨西哥人和印第安人，这些人根本就不会说英语，而卓玛又不会讲其他两种语言，因此，卓玛每日唯一能做的事情就是盼望汤姆早点回来，然而等待的时间却很漫长，时间似乎总是过得很慢。卓玛非常难过，于是她开始写信给自己的父母，说自己想要抛开这里的一切回家。

不久后，她接到父亲的回信，内容很短，只有简单的两行，然而正是这短短的两行字激荡了她的心房，甚至完全改变了她的生活。信中是这样写的："两个人从牢中的铁窗望出去，一个看到泥土，一个却看到了星星。"卓玛看到父亲简短而有力的回信，不由得心头一颤，卓玛明白了父亲的良苦用心，惭愧之至的她决定要在沙漠中找到"星星"。于是，她开始努力地和当地人交朋友，而当地人也很热情地和卓玛交流，当地人的反应令她感到非常惊喜，卓玛渐渐地开始对当地人的纺织、陶器感兴趣，当地居民极其大方，他们纷纷把自己最喜欢但又舍不得卖给观光客人的纺织品和陶器都送给了卓玛。她开始研究那些引人入迷的仙人掌和各种沙漠植物，又深入学习有关土拨鼠的知识。一有时间，她还会陪着当地居民一起去观看沙漠日落，也着手寻找那些几万年前，在当初这沙漠还是海洋时留下来的珍贵海螺壳，卓玛的生活发生了翻天覆地的变化，曾经令自己难以忍受而又十分厌恶的环境如今却变成了令人兴奋、流连忘返的地方。她下定决心，不再想着抛开这里的一切回家去了，她开始喜欢上了这个地方。

我们能从中得到什么样的启发呢？沙漠没变，人没变，甚至是所有的事情都没变，可是卓玛的生活却发生了巨大的改变。原因在于卓玛的心态发生了变化，正如她的父亲回信中所说的那样，当一个人看见了泥土时，另外一个人却看见了星星。先前那个一心急着回家的卓玛就如同是见到泥土的人一样，心态始终是处在低靡甚至是颓废状态下的，而最后不愿回家的卓玛则成了那个见到星星的人，心态不仅变得积极，还变得开朗起来，不仅开始对当地人有了好感，还对沙漠中的一切都有了好感，并开始试着与他们深入交往。这就是一个人积极与个人处境相适应的过程，正是因为她能适应环境，而使得自己的最高潜能得以发挥，把所有力量都运用到了极限从而问心无悔的人生态度改变了她。

积极情绪培育之四：扩建积极情绪，拓展人生最大的快乐。哈佛大学心理学博士丹尼尔·高曼曾说过："越艰难的工作，就越需要对事物乐观思考的方式，乐观是一种最有效的工作策略。"

一次，有一个抑郁的人去医院看病。他在医院担忧地对医生说："我有很多个晚上都失眠，心中充满了各种各样的忧愁和烦恼。"医生在对他进行了一番详细检查后，发现他没有任何疾病，只是情绪不佳而已。医生建议他多休息，并做一些能让自己快乐的事。医生说："城西的马戏团表演非常好看，特别是那个小丑的表演精彩绝伦。你如果去了，你的忧愁和烦恼一定会一扫而光，会让你发笑，得到真正的快乐呢!"病人无奈地说："不会起任何作用的，因为我就是那个表演的小丑。"

这个故事颇耐人寻味，它告诉我们没有一个人能够真正了解我们内心深处的忧伤，医生也不能做到，只有自己多多地自我了解、自我化解，才有可能对自己有更多的认识和改变，最后能真正明白的是：只有自己才能拯救自己。

在经济快速发展的今天，很多人非常注重人际关系，非常希望自己能得到贵人的提拔相助，以便自己一飞冲天，于是给了一些别有用心的人可乘之机，他们专门扮演一个个"救世主"的角色，让前来求助的人屡屡破财，求助的人结果都是上当，捶头顿足也无济于事。

人生的意义在于奋斗，奋斗的人生才最美丽。生命重在过程，过程是否存在价值和意义决定一个人的贡献，而不是结果。面对别人的优越而闷闷不乐是不足取的，上帝不会偏袒任何人，只要收起自己的不平和沮丧，生活一定会眷顾自己。我国有一句古训：自助者，天助也。一个人如果树立了正确的价值观，丰富自己的修养，正确认识和塑造自我，就会铸就一个人的幸福和成功。

永远保持乐观向上的心态。人的一生，就像一趟旅行，沿途中既有数不尽的坎坷泥泞，也有看不完的风景。我们既能坦然地享受幸福、快乐、希望、阳光……也要学会坦然地面对忧愁、绝望、不幸、黑暗……

一般来说，在面对人生精彩的一面时，我们都能以微笑迎接，可是当面对人生那些不可避免的哀愁时，我们同样也要以微笑迎接。

以前，希腊有一个大政治家叫狄摩西尼。天生的不幸，他的齿唇上留有缺陷，说话含糊不清，很难与人沟通交流，这令他苦恼万分。为了纠正自己的这个毛病，狄摩西尼找来一块小鹅卵石含在嘴里练习说话。他有时跑到海边，有时跑到山上，尽量放开喉咙背诵诗文，练习一口气念几个句子。长时间的练习，石子磨破了他的牙龈，每次他都弄得满嘴是血，血染红了他嘴里的那块石头。但这些困难并没有使他放弃练习，他一直练到口齿清晰、说话流利为止。

狄摩西尼的故事之所以感人，是因为他在用意志与躯体抗争，用美好的愿望与不幸的缺陷抗争……其实，幸福和悲哀仅有一墙之隔。作为我们来说，总希望自己奔向幸福的一边，但生活是可以转化的。有时我们不可避免地走在了悲哀的路上，这时，我们的意识里总会萌生出一些美好的愿望，我们不妨循着这条美丽的线索，去寻找自己的春天。但可能自身的负面情绪等会束缚我们通向美好的脚步，通常，我们总会在自己的内心与其较量一番。而较量的结果大概只有两种：一种是行动伴着愿望一起走，另一种是美好的愿望枯萎在束缚的泥潭里。

当人生的不幸来临的时候，艾美与希茜用毅力和微笑去面对生活，同样也迎来了精彩的生活和人生。

世上没有相同的人生，我们每个人的人生经历不同，命运还常常会赋予很多人以各种坎坷和灾难。

当我们处于人生的黑暗时，他人的同情和唏嘘只会衬托自己的穷途末路，我们应该鼓起自己的勇气，勇敢执着地去面对。否则，我们虽然得到了短暂的心理安慰，但最后的结果还是不会改变。我们的心情不要被烦忧和沮丧取代，如果因此而干涸了心泉，失去了活力，丧失了斗志，还怎能成就辉煌。

我们永远要保持乐观向上的心态，坦然地看待自己眼前所发生的一切，即使是四面楚歌，我们也一定要期待着“柳暗花明”的那一天。我们不妨苦中作乐，在风雨中磨砺，找到生活的趣味，经过长久的忍耐和拼搏之后，我们最终迎来的将是鲜花和掌声，还有人们饱含敬意的目光。

人生中既会有阳光，也会有风雨，这是不可避免的。我们渴望阳光，但生活有时不免会捉弄我们，让我们去面对风雨。我们不要泄气和悲伤，那样只会挫了自己东山再起的锐气。我们要学会冷静地对待人生，一时的挫折并不意味着整个人生都要苦苦挣扎，只要我们能够保持乐观的心态，生活的美好就一定会在前方展现。

2.2 调节消极情绪

现实生活中，我们提到某人“有情绪”，不是指积极情绪，而指消极情绪。人们情绪正高涨时不会被认为是“有情绪”，所以，我们在谈及“有情绪”的时候，往往被联想到的就是消极情绪。不论内向还是外向性格，不管多血质还是抑郁质的人，都无法避免会产生害怕、愤怒、烦恼等负向情绪，正如气质是天生的，很多情绪情感也是与生俱来的，差别只在于每个人的情感发展不完全一样，体验到的情绪强度和类型也就各有差异。

心理分析大师弗洛伊德用“水库”来比喻说明人类情绪的处理过程，他认为每个人的身体里面仿佛都有一座情绪水库，当负面情绪出现时就会存放在情绪水库之中，如果情绪水位累积到所谓的警戒线，个体就会开始出现脾气暴躁，无法适当控制情绪的情形，而导致容易发脾气。如果再一直恶化下去，情绪水库崩溃的结果就是出现心理方面的毛病。因此，维持心理健康的重要观念，就是不要让自己的情绪水库累积太多的水量，要想办法将情绪水位纾解掉。

那么，如何才能合理地纾解情绪水位？心理学家艾里姆夫妇认为，首先要了解自己的情绪以及情绪变化的规律，以便更好地掌握、传达、控制自己的情绪，这样也才能更好地使我们的情绪“趋利避害”。其实，不管我们喜欢还是不喜欢，情绪都会按照自己的轨迹行进，有时需要几个小时，有时甚至是几天的时间，一种情绪才能走完它的航程。不管我们如何努力去控制情绪，它都会沿着一个既定的轨迹和一个无法预知的时间表向前行进。如果我们不懂得情绪的规律，我们就会陷入奇怪的处境，不但不能解决原有的问题，反而把问题复杂化。在一天当中，我们可以让一些微小的烦恼安然度过去，但是一旦某种情绪积聚到一定程度，它就必须走完它自己的情绪曲线，没有任何方法可以将它收回“瓶”中或者减轻它的强度，这个强度阈就叫做“不归点”。

每个人都有自己独特的情绪强度阈，这个强度阈反映了每个人的脾气秉性、价值观、个人的经历等。一旦情绪的强度达到了“不归点”时，情绪必须沿着它的轨迹，上升到顶峰，然后到达释放点。

情绪一旦跨过了“不归点”，我们就进入了非思维区也就是情绪区。在这个时期，情绪几乎占据了我们所有的注意力，思维与逻辑多数情况下被抛到脑后，这一状态曾被贴上“不理智”的标签，平心静气地讨论、清晰地思考、寻找解决问题的方法在这种状态下几乎是不可能的，我们很大程度会受情绪影响。

在情绪完成了它的活动周期以后，我们又可以清晰地思考问题了。清晰思维区是敏锐洞察力的源泉，因为在这一时期，我们与心灵的渴望、梦想、理解力最近。切身体验情绪后所获得的洞察力变成“有生命的智慧”。事实上，从书本上或其他的来源所获得的知识对我们行为的影响很小，而我们从清晰思维区所获得的洞察力会让我们的生活发生深刻的变化。

在现实生活中，我们的情感生活很复杂，远非情绪曲线所预测的那么简单。这个时候我们如何表达情绪？是隐忍不发还是将情绪压抑至潜意识中？

在我们不能恰当地表达和处理情感的情况下，就会“闹情绪”。有时候，我们会靠理智让自己隐忍不发，但我们的感觉仍然很强烈，因为我们的情绪仍然还在。我们有意识地把它们放在了一边，集中精力做首先需要做的事情。然后，适当的时候，我们把它们从临时贮藏库中提取出来，反复掂量，看是否把它们表达出来，并加以处理。要知道，压抑情绪和情感需要花费我们很多的精力。

在努力压抑情绪或情感之后，我们会感到疲劳、痛苦、易激惹或是不安。如果我们把它贮藏得太久了，碰到一些很细微的事都会容易大发作。比如，它会在争论时、就寝时，或是某件毫无关系的事情中冒出来。情绪、情感的本性就是要被释放、消耗的。无论我们是否愿意，它们都会悄悄地出现在我们的日常生活中。

对重要的事情我们会有强烈的情绪、情感反应，它们是根据我们内在的情绪发展进程分阶段释放的。当我们准备好了、觉得安全或者是情绪充盈即将爆发时，我们的情绪就会露出真相。

所以，要正确认识负向情绪！当我们不能恰当表达或处理情绪时，不要焦急和讨厌自己，给自己点时间，让自己“闹闹情绪”，等它露出真相，抓住正确处理情绪的方式，不论释放还是宣泄，不论控制还是疏导，都可以使不良情绪得到缓解及至消除。

小常识：

常见的和压力有关的疾病

A. 消化系统：消化性溃疡、胃肠道激惹症、溃疡性结肠炎。

B. 心脏血管系统：原发性高血压、冠状动脉疾病、偏头痛。

C. 呼吸系统：哮喘、过敏性鼻炎、换气过度综合征。

D. 肌肉骨骼系统：紧张性头痛、慢性背痛、类风湿关节炎。

E. 皮肤系统：神经性皮肤瘙痒症、湿疹。

F. 精神、心理疾病：各种压力综合征、适应障碍、神经症、精神疾病。

积极的负面情绪和消极的负面情绪。泰勒博士说："真正的幸福不应该是绝对没有不良的情绪，而是经得起困难和挫折的考验。"与其因为还没有达到幸福境界而感到垂头丧气，与其浪费力气去苦思冥想自己到底有多幸福，不如认真地去体会和挖掘幸福这一无穷无尽的宝藏，同时去争取得到更多。因为追求幸福是我们的终生目标。

积极心理学家指出："并不是积极有为地把每一件事情都去办好，总是征服外在的环境就是积极。"例如一些有神经症的人有时就过于想征服外在环境和追求完美了，他们在改造世界面前过于有为，用主观意愿取代现实的客观，这种超越了自身能力范围的欲望和有为是不可取的。例如，有一个人屡屡为是否关好家中的煤气而焦虑不安时，他觉得事事都是有为的，认为只要把事情做到尽善尽美，就会万无一失。然而，这种脱离现实的有为，恰恰可以理解为过分的欲望，是不合理的，它不是真正的积极，是可能会导致矛盾和冲突的消极。所以说，真正的积极有时包括一种无为，客观地面对现实和如实接受，接受该接受的，做自己能做的，看上去很无奈，但却是最佳的积极，因为在现实生活中，没有比这一行为更好的主动。

健康情绪的策源地体现为积极的信念以及健康的认知现实，并不是外界事物本身自动导致不健康的情绪，而是消极和不健康的认知导致了不健康的情绪和行为。外界事物都是客观、公正的，它无所谓消极与积极，它就待在那里，不偏不倚，不以人的意志为转移，人有生老病死，月有阴晴圆缺。只有人的身体和心理才会涉及积极与否和健康与否问题，积极与否或健康与否是人对这个客观世界的适应能力及其引起的后果。那些身处战乱，以及极度贫困的人，很难有精力关心如何更幸福。在这种情况下，我们所能做的就是无论在何种困难情况下，都要真切地体验那些负面情绪，并允许它们有自然的转归变化过程。每当在面对不可避免的事实的时候，我们不妨学学亨利，可以说亨利是一个明智的人，他的明智就在于，他在面对不可避免的事实之时，不是抗拒，也不是逃避而是试着放松，而是以博大的胸襟和气魄来使自己解脱，并让自己很优雅地摆脱这种负面情绪，使自己的心理进入到一个正面的状态。

每当我们感到难过、烦闷的时候，请不要对抗自己的负面情绪，要尽量保持自己的优雅，我们要相信，这些情绪会像落日一样自然地消失，我们应该相信自己会在不经意间实现情绪的成功转向。

情绪的转向归根到底还是取决于产生情绪的行为、态度的转变，只要这些方面先转变，那么作为产物的情绪当然也会跟着发生改变，所以我们应该学会在遇到事情时换一种角度去剖析。比如说你碰到一个“大吼大叫”的人，不要认为对方是一个“脾气暴躁”的人，而应该想他或许是一个“感情丰富”的人；在别人误解你的时候，你多宽慰自己说可能自己没有说明白，而不要轻易地把对方归结于不可理喻。

2.3 规避非理性情绪

人虽然作为万物之灵，但也不可能时时刻刻都保持清醒的头脑，时时刻刻都明白自己情绪状态、都能够很好地掌控自己的情绪，非理性情绪人人都会有。人头脑中的想法是多种多样甚至是环环相扣的，可能一个人认识到他的幻想之日，就是其顿悟之时，越是灵活和开明的人，领悟到的也就越多，其人生的情感方式和能力也会随之改进和发展。我们的人生，在很大程度上掌握在我们自己手中。心理学家威廉姆詹姆斯说过：“地球上的芸芸众生，唯有人才能改变他们自身的存在方式，唯有人才是命运的创造者，人类可以通过改变自身的内心世界而改变自身的外在世界，这就是我们时代最伟大的发现。”诚然，剔除观念中的谬误虽然需要科学方法的指导和别人帮助，但关键还在于自身的努力。

非理性情绪的种类。情绪困扰和行为适应不良，甚至神经症都来源于不合理的观念，所以，去除非理性观念是保持心理健康的关键。也就是说，只有进行合理的思考，才能拥有和谐的生活。去除非理性想法之前，首先要明确有哪些常见的非理性想法。心理学家通过临床观察，总结出日常生活中通常会导致情绪困扰，甚至发展到神经症程度的七种主要的非理性观念，我们在此分别对其进行分析：

一个人应该被周围每一个人，尤其是生活中重要的人喜爱和赞许。这种想法不可能完全实现，每个人的一生中，生活的目标不同，个人表现不同，对待不同人的态度不同，其所作所为不可能得到所有人的认同，即便是父母、朋友、老师等对自己很重要的人，也不可能每时每刻对自己抱有喜爱和赞许的态度，也会出现冲突和观点迥异的情况，观点相悖，就会产生对立或冲突，地球上没有两片完全相同的树叶，当然也不可能出现两个思想完全相同的人，即使同卵双胞胎，也会有所差异。因此，如果一个人想让世界上或自己周围所有的人认同自己、欣赏自己，他就可能过得非常辛苦，自己不断委曲求全来取悦他人，力求获得每个人的欣赏，但未必会得到想要的结果，这便可能会使他失望、进而感到沮丧和受挫。

一个人必须能力十足，在各方面都有成就，这样才有价值。这也是无法达到的高级目标，因为世界上根本没有一个十全十美、做事情永远成功的人，每个人都既有优点、又有缺点，若持有以上信念，面对那些永远无法实现的目标只能徒增悲伤。

有些人是败坏、邪恶或罪恶的，所以应该受到责骂和惩罚。人无完人，每个人都可能犯错误，不能因他人一时的错误就视其为“坏人”，以致对他人产生排斥和歧视。

当事情不如己意时，那是很可怕的灾祸。人生不如意事十之八九，人不可能永远成功，生活和事业上遇到挫折是很自然的事，若一经挫折便畏缩不前，不仅会引发情绪困扰，而且可能使事情更加恶化。有些不幸福、不快乐是外界环境造成的，这些外在因素个人无法控制。外在因素会对个人产生一定影响，但并非如有些人想象中那样严重，情绪困扰中包含了我们自己对外在事件的评价，我们可以控制自己对挫折的感受。我们必须非常关注危险、可怕的事情，时刻注意其发生的可能性，要对危险和可怕事件的发生有一定的心理准备，但过分忧虑则属非理性想法。过分忧虑会夸大危险发生的可能性，使生活变得沉重和缺乏生气，以至整日忧心忡忡，焦虑不安。

逃避困难和责任比面对困难、责任容易。逃避虽可暂时缓和矛盾，但问题仍然存在，时间一长，问题更会恶化或连锁产生其他问题和困难，更加难以解决，导致更为严重的情绪困扰。一个人应学会依靠别人，而且需要一个比自己强的人做依靠。人们在生活中某些方面需要相互依赖，但要注意不应过分夸大依赖的必要性从而失去自我的相对独立性，导致不安全感。

过去的经验与事件决定和影响目前的行为，其影响永不消失。过去经历是一个人的成长史，的确无法改变，但不能说它还将决定一个人的现在和未来。已经发生过的事实固然无法改变，但是对事情的看法却能够改变，人们可以控制，改变自己将来的生活。一个人为别人的难题与困扰而紧张或烦恼，关心他人，富有同情心，是有爱心的表现，但如果过多投入心力于他人的事情，就可能影响自己的工作与生活等，并因此使自己情绪失去平衡。

每个问题都只有一个正确、完善的解答，我们必须找到它，不然将是莫大的灾祸。人生历程是复杂的，任何问题都寻找完美的解决办法是不可能的，若坚持如此，会容易使自己陷入失望和沮丧之中。

非理性情绪的表现特征。每当新年伊始，人们总要互道“吉祥如意”“万事如意”这类的祝福。“吉祥”就是幸运，“如意”就是符合心意。人们总希望一切事物最好都能按自己所喜欢或期待的样子发展，永远生活在幸福和快乐之中，就像童话故事的结尾部分经常所描绘的：“……从此，他们一直过着幸福的生活。”若当真能如此，何其幸哉。

然而，真正的生活却并非如此。人只要活着，就会有各种各样的需求和愿望，并渴望这些能得到满足，于是需要就成为一股强大的动力。我们自觉地确定目标，并根据目标来支配、调节自己的行动，为实现愿望而奋斗。在这一过程中，我们总会碰到这样或那样的困难和阻挠，我们偶尔还会产生挫折感，若在此时，我们能够客观、冷静、沉着地去审视困境，积极而勇敢地正视它并寻求解决的办法，也许我们的苦恼会少一些。但往往我们在挫折面前不能泰然处之，就像在江中行驶的轮船，当遇到大风逆风航行时，船只远远地偏离了它正常的航线，风帆与船舵失去了作用。我们也常被自己的偏见等不合理信念所影响，失去判断力，在挫折面前束手无策，悲观失望。如果我们能抓住不合理信念的特点，就能及时发现并纠正自己所持的不合理信念，所以学习并掌握不合理信念的特征，对维护一个人的心理健康十分有益。

非理性情绪的表现特征之一：心情糟糕透顶。如果一件不好的事发生，自己或多或少会感到烦躁，这是正常的现象，但有些人遇到不好的事情，就产生“事情会变得非常可怕、非常糟糕、成为灾难”的想法是不正确的。这些人心理非常脆弱，不能独立面对困境，也不能独立解决遇到的麻烦，无法独立处理自己生活出现的问题，无法完全守护自己，需要靠家长、老师、长辈为自己遮风蔽雨，他们惯用的思维方式是：事情都应该是自己所喜欢或期待的样子，假如发生的事不是自己所期待或自己所喜欢的，就很糟。遇到不顺心的事就觉得很糟，这种想法会导致我们陷入极端不良的情绪体验，如耻辱、自责、焦虑、悲观、烦闷、孤独等，进入消极情绪的恶性循环中难以自拔。“糟糕至极”常常与人们的绝对化要求相联系而出现，即人们绝对化要求中认为的“必须”和“应该”的事物并未像他们所想的那样发生时，他们就会感到无法接受现实，无法忍受下去，他们的想法就会走向消极，认为事情已经糟糕透顶。非常不好的事情确实有可能发生，我们当然希望不要发生这种事情，但没有理由说这些事情绝对不该发生。我们要努力去接受现实，在可能的情况下改变现状，不可能的话，我们也要调整好情绪，能在这种状况下正常生活下去。人们如能清醒地认知，对任何事来说，都可能有比之更坏的情形发生，没有任何一件事可以定义为是百分之百的“糟到极点”，也就获得了打开“糟糕至极”这一心结的钥匙。当我们遭遇到意料之外的痛苦时，我们会感到沮丧，但当我们按照理性思维去行动时，我们能更快地摆脱懊恼和受挫感，使自己富有竞争力以及行动上更有成效。因此，人们应对自己的情绪负责，学会一些控制和纠正非理性情绪的方法是十分必要的。

非理性情绪的表现特征之二：“过分概括化”。古代以来的很多哲学思想都渗透着“度”的思想。辩证唯物主义认为“度”是事物保持自身的质和量的限度与范围，是同事物的质相统一的数量界线。如：在一个标准大气压下，液态水的温度就是0~100℃，低于或超过这个温度范围水就不再是液态而是固态或气态了。任何事物都具有量与质两个方面，即都有自身的度，当事物的度（质与量的统一）被打破时，就会引起事物质的变化。

哲学的指导作用在生活的各个维度与层面不断地被具体化，“过分概括化”是非常具有哲学韵味的概念，“过分概括化”是韦斯勒（Wessler）等总结的不合理信念的三个特点中的第二个，它的基本特征是：以一概十，以偏概全，其不合理在于它的不合逻辑，违背了马克思主义哲学认识论的基本原理，“过分概括化”违背了认识论中“度”的原则，由此不再能代表原事物的性质。

“过分概括化”在日常生活中主要表现在对内对外两个方面：当个体面

临某一失败或某一坏的结果时，对自身的不合理评价；在别人稍有差错，或面临失败时，对他人的一味责备与一无是处的评价。“人不可貌相，海水不可斗量”之说古已有之，我们不能仅凭一句话，或仅凭外貌来判断一个人的好或坏，也不能仅就某一件事、某一个行为，就给某人（或自己）贴上好或坏、成或败的标签。在日常生活中，有一些个体比较容易在面对失败或他人的某些批评时懊恼沮丧地得出结论：“我是一个无用的人，不受欢迎的人。”这一结论背后所隐藏着的观念特征是：人应该也是可以达到完美无缺的境地，做错事的人没有价值。这种观点被艾利斯（A. Ellies）称为：理智上的“法西斯主义”，他认为，不能以一般人所理解的是否聪明、是否成功，来评判一个人的价值，因为人的价值就在于他具有人性，因此我们不要去评价整体的人，而应该多多地评价人的行为、表现。个体生活中某一个别的行为与结果只是个体的局部性的特征，它受主、客观多方面因素的影响，并不能反映个体的整体面貌。

失败、否定的标签，会对被标的个体产生极为消极的后果，个体由于某个行为、某个特征而被他人或自己贴上一个过分概括的不恰当的标签，标签使人的真实形象受到歪曲，同时标签的导向性功能使被贴标签者与周围人的行为产生连锁反应，留意自己或被标者的每一个弱点与不完美之处以证明标签的正确性。一方面，当糊涂地给自己贴上标签时，这种不合理使自身感到痛苦，影响自身的自我评价，使自身具有某种假想的身份，否定的自我评价产生消极情绪，妨碍正常知觉过程的展开，如当高某说“我真倒霉”时，他可能会感到人们和他过不去、和他作对，当个体在演讲比赛的初赛中被淘汰时，他可能情绪上会以“我是个失败者”来代替“我这一次没有做好”；另一方面，引导人们对被标的人采取与标签相应的态度与行为，例如，当你说“我很笨，一事无成”时，高某在挫折失败面前会以“我很笨”为借口而放弃努力，而当我们说“高某很笨”时，我们对他的要求与希望也降低了，这也会令他丧失学习机会，从而阻碍他的正常发展，导致高某的行为向标签靠拢。

“过分概括化”的表现：全有全无的想法。倾向于极端地评价自己不是极好就是极坏，它以完美主义为依据，使个体害怕犯下任何错误，或者有不完美的地方，因为这样会使个体认定自己很差劲，没有价值，是完全的失败者。这种评价的方式是不切实际的，因为世界上没有绝对的绝对。

过度类化。一旦某件事情发生，个体就武断地认定它一定会一再发生，导致个体无法泰然地面对一时的绝望而产生严重的困扰。

心理过滤。在任何情况下个体总是选择消极的部分，并老想着这一部分因而觉得整个情况很糟糕，个体忧虑时所戴的这副特制眼镜，滤走了所有美好事物，只留下了消极的念头进入到他的意识中。个体并未觉察到这一过滤过程，因而使个体受到很多不必要的痛苦。

妄下结论。不经思索武断地对某件事做负面的推论，并扩展之，生活中、工作中某一次某个人的冷淡漠视行为，个体主观地解释为是对他的不喜欢乃至于讨厌，甚至于对求证事实真相都觉得多此一举。处理个体所想象的他人的负面反应，个体的可能反应方式是撤退或反击，这种不利的行为方式会逐渐证实消极的自我预言，还会造成人际关系的紧张。

情绪化推理。把自己的情绪当作情形属实的证明，对个体而言"我觉得自己是个失败者（不受欢迎的人)"就等于"我就是个失败者（或不受欢迎的人)"。在此种情况下，个体并不了解感觉是思考和信念的反应，当然也不可能去求证经由感觉所产生的知觉是否正确。

个人化。发生了不好的事件，在没有任何理由的情况下，个体武断地认定是由于自身的失误或能力不足引发的，这种概括方式使个体觉得自己没用并感到内疚等，并因此而感到困扰。

上述六种表现的共同点是：分析概括上的偏差，导致认知发生错误，继而产生情绪困扰；每一种不恰当的认知结果，都具有标签效应，错误的标签使个体陷入不切实际且使心理有沉重的负担，不合理的知觉所产生的感觉就像哈哈镜上的影像般可笑，并使个体的感觉与行为交互增强陷入恶性循环。

大学生的非理性情绪也是多种多样的，但总体说来可分为四类。一是情绪冲动：在不明原因、不了解内情的情况下，为维护自己的所谓尊严等，出现愤怒等情绪导致冲动行为。二是情绪爆发：莫名其妙地悲伤、痛苦，这一般在女生身上发生的比较多。发生了事情，比如考试成绩不理想、失恋等，要去分析原因，要去寻找情绪调节方法，不应采取不理性方式做出不理智行为。三是情绪波动：青年学生情绪的不稳定性增加，容易出现情绪波动，有时早晨还阳光热情，中午就失魂落魄、情绪低落。四是两极情绪严重：有些人的情绪就像曲线一样，忽高忽低、忽明忽暗、忽晴忽阴。大学生要对非理性情绪有所认知，规避非理性情绪，时时保持良好的精神风貌。

2.4 大学生情绪与自我认知

每个人都要用一辈子的时间去认识和了解自己，但到最后仍然不可能百分之百的认识。常言说：人最了解的是自己，人最不了解的也是自己。人们对自己认识的程度不一样，认识和了解自己越多，走的弯路就会越少，不管是工作生活还是爱情。每一个成功的人都是自我了解程度比较高的，只有认识和了解自己才知道什么样的事情适合自己，才知道自己要用什么方式方法去面对！

自我认知的方法：每个人的情况不同，使用的方法也就不同，人一生都在不断地成长，想更多的了解自己，就是要在不断的做事中，不断的犯错中，不断地进行自我检讨，不断地进行自我总结，不时地安静下来进行自我对话，和自己沟通，这样对自己的认知就会不断深化。对于青年学生来说，在中学时的表现不同于大学，在大学中的表现到工作中也不一定适用，认识每一个阶段的自己，就要知道自己的特长，明白自己的短板，正视自己的错误和短处，按照差异化竞争力的描述，就是要把自己的长处发挥到极致，把自己的短处控制在最小，让自己更加光辉亮丽，让自己的长处更加突显，这样，既增强了自己的自信心，又让自己的情绪高昂起来。

情绪系统对于任何人都没什么不同，同一情况每个人呈现出的情绪差别很大，当自己对事情产生的信念是不好的时候，情绪系统用自己情绪的身心语法程序来释放愉悦，那些对事情能产生美好信念的人同样是用自己情绪的身心语法程序来调节的。

大学生应主动调控情绪——接受自己的不快乐，对于真实的自我，别人批评自己，自己能接受吗？当然答案也是丰富多彩的。如果把别人对自己的批评看作一种关照，产生的情绪反应就好一些，如果认为是别人有意找茬，情绪反应就会强烈。古人云：知耻而后勇。正视人生的不足，体现的是一种理性的思考。对于别人的批评正视之，有则改之，无则加勉，以此常思己之不足。

生活中，人们很容易被种种困境所左右。但仔细想想，这都是自己把自己关进去的，原因是不能正视自己，才会导致自投罗网的结果。接受自己，就要勇于接受自己所有的层面。唯有如此，才能让自己多一点放松，多一些同理心，无论这种同理心的受益者是自己还是他人。当你感觉没有安全感时，不必假装“坚强”，不妨告诉自己说：“我感到害怕，但这是没有关系的。”当你感觉自己有一点贪心、嫉妒和生气时，不必否认、隐藏自己的感觉，不妨承认这个事实，这样做不但可以帮助你快一点克服这些不完美，还可以让你超越它。当这些负面的感觉或是让你害怕的事情在你看来没有什么大不了时，恭喜你，你已经完全地接受了真实的自己。当你勇于接受自己并不完美的事实时，会有美妙的事情发生在你的身上。即便是在遇到负面事情时，你也会发现正面的自己，这个美妙部分可能是你以前没有体会或注意到的。

对于自己的不足和弱点，我们何不真实地面对它，用积极的态度去对待，把真实的种子播入心中，用生命的沃土去培育，再用我们的热血去浇灌，用心灵的智慧去呵护。如果它在闹市，就让它成为一盏明灯；如果它在原野，就让它成为一棵茁壮成长的禾苗；如果它在高山，就让它成为一株珍贵的雪莲。

大学生应主动调控情绪——接受无法改变的事实。有这样一位瓷器收藏爱好者，他近日购得一只明代官窑的瓷碗，爱不释手，每天都要看了又看，擦了又擦。一天，他在观赏瓷碗时，一不留神没拿住，瓷碗掉地摔得粉碎，他非常难过。从此，每天他都盯着收起的那堆瓷碗的碎片茶饭不思，人也越发地憔悴起来。转眼半年过去了，最终他因精力衰竭而亡。直到他咽气时，手上还紧紧地握着一枚已被摸圆滑了的瓷碗碎片。

我们可以理解这位收藏者的心情，在深表同情的同时，我们也应该从中悟到这样一个道理：覆水难收，纵使他如何悲伤也不能够使破碎的古瓷碗再恢复原样。所以，在生活中我们如果发生了类似无可挽回的事情时，就要学会接受它、适应它。一场大火烧光了爱迪生的所有设备和成果，但他却说：“大火把我们的错误全部都烧光了，现在我们可以重新开始了。”

在荷兰的阿姆斯特丹，有一座建于15世纪的古老寺院。在寺院中央的一棵大槐树下有一块石碑，碑上刻着：既已成为事实，只能如此。接受无法改变的事实，唯有如此才能克服生活中所遇到的各种不幸。人生在世，生活中不尽如人意的事情谁都可能会遇到。正所谓，天有不测风云，人有旦夕祸福。世界上的有些事情是可以改变的，有些事情则是无法改变的，诸如亲人亡故、各种自然灾害的发生，既然已经成为既定的事实，你就要坦然去面对它。否则，只不过是徒增哀伤而已。

无论是多么乐观的人也不得不承认，我们的生活中不时会有悲伤出现。生活受挫我们会悲伤，失恋我们会悲伤，事业失败我们会悲伤，至爱亲朋不幸永逝我们会悲伤。悲伤与欢乐就像经线与纬线，交织着组成我们的生活。

我们不可能避免悲伤，试图避免悲伤几乎是徒劳的。其实，悲伤也并不可怕，关键在于我们如何从悲伤中解脱出来，并让它转化成一种更为积极的力量。

生活中有痛苦是正常的，我们不应该紧紧抓住痛苦不放，一味地悲伤那是不正确的，因为那样的话，快乐很难再次到来。俄国诗人普希金说："一切都是瞬息，一切都将会过去，而那过去了的，就会成为亲切的怀念。"

对的，一切都是暂时的，无论欢乐或悲伤都将如此。悲伤只是漫长人生中的短暂片刻，无论再怎么痛苦都会过去。我们所需要做的是，在黑暗中不要忘了光明，坚强地挺住，努力向前看，给自己多一分希望，勇敢跨越，要永远相信：自己就是拯救自己的那个人，是给自己创造奇迹的那个人。

生活中，常有人抱怨自己身体有病痛，或是与人难相处，再不就是缺少金钱，精神苦闷，也有人抱怨自己的专业不好、学校不好、家庭条件不好、工作差，工资不高，甚至会抱怨"英雄无用武之地"，等等。

可以说，他们只看到了生活的一面，就是生活中不好的一面，如果将自己的看法改变一下，他们就会发现生活是何其美好。专业不好，说明专业比较冷门，但找工作会相对集中，无需到处乱跑；学校不好，说明知识学得还不够，在以后的生活工作中还要继续学习；家庭条件不好，正好能给自己一个锻炼的机会；还有工作不好、工资不高的，甚至抱怨自己英雄无用武之地的人，可能会在以后的岁月里找到一个更好的工作。任何人遇到不尽如人意的事情发生时，情绪都会受到一定的影响，对于那些已经存在的既定事实，当你无法改变它的时候，就要学会去接受它、适应它，乐于接受既定的事实，遵从于事实。否则躲在角落里悲悲戚戚、自怨自艾，那样只会毁了你的生活。

我们应该适时学会屈服，比如游泳时顺着水流的方向。不管在何种情况，适当的屈服都能为你的心灵带来奇妙的和谐与宁静。然而很多人认为屈服代表放弃和投降，屈服就是弱者的象征。其实适当的屈服既非懦弱也不会带来痛苦，反而蕴藏着安慰的力量，因为你知道一切安好，所有的事情都有它的道理。

大学生应主动调控情绪——终结痛苦，充实生活。卡耐基说：“明天的重担加上昨天的重担，必将成为今天的最大障碍。要把未来像过去那样紧紧地关在门外……未来就在于今天。”佛家常劝世人要活在当下。“当下”指的就是现在正在做的事、待的地方、周围一起工作和生活的人，是一种现实的体验。

活在当下，是一种全身心地投入人生的生活方式。你只有选择活在当下，你才不会被过去所拖累，也不会为没有未来而胆寒。此时，你全部的能量都集中在当下时刻，你的生命也因此而具有强烈的张力。

大多数人的人生是否都是这样度过的呢：年轻的时候，拼了命想挤进一流的大学，进入大学后，想赶快毕业找一份好工作；接着，又迫不及待地结婚、生小孩；然后，又整天盼望小孩快点长大；后来，小孩长大了，你退休了；随着时间流逝，你逐渐变老，老得几乎连路都走不动了……当正想停下来好好喘口气的时候，生命也快要结束了。

时间一分一秒过去，把握今天是明智的选择，是智慧的告诫。一天的行程很难，是因为没有爱相伴，一生的路途很远，有了爱就不觉漫漫，放飞心情，放飞梦想，抛掉烦恼，愉快飞翔。

3 思想政治教育对大学生情绪的引导作用

3.1 把握思想政治教育中的情绪

思想政治教育工作者与大学生的情绪互动：思想政治教育工作的过程，就是一个把教育者的思想传授给受教育者的过程。这个过程，充分展示出情绪的运动、传送和接纳等不同的环节，整个过程中，要展示二者情绪的统一与协调，互动、碰撞和融合。思想政治教育工作者在传播思想的同时，一定要不停地观察受教育者的状态、情绪、表现和接受度，受教育者情绪良好，表现出愿意接受并接纳教育者的传播，积极配合教育者的工作，那么就能够达到较好的教育效果。

3.1.1 思想政治教育工作者对情绪的把握

情绪是人的特性，虽然动物也会有自身的表现，但由于低等动物没有意识，所以不能把其相似的反应称为情绪。基于此，我们认为，人是情绪的产生者、主宰者、调节者和控制者，人是能够把握自己情绪的高等动物。人与人之间的沟通是在一定的情绪基础之上的高层次交流、交换思想的过程，只不过这个过程不同于交换苹果，交换苹果每人只得一个苹果，交换思想，每人可得两个思想。

思想教育情绪与一般的日常情绪既有相同之处又有区别，日常情绪的表现是自然的、自由的、不规则的，是思想的野马，随意随时奔驰在很远很远的地方。而思想教育是有计划、有目的的传授思想的活动，是促进身心健康、思想先进的活动，所以，思想教育的情绪有自己的特点，只有掌握这个特点，才能起到事半功倍的效果。

思想教育情绪的目的性，是其首要特点。所有的思想教育都是为了一个确定的目标，这是预设好的，为了这个目标，就要培育一定的情绪进行思想教育工作，如果思想政治教育工作者的情绪不在这个目标上，或自身就不明确这个目标，或是对这个目标不确定，那在工作的同时，就不能达到良好的情绪，也不会收到相应的效果。这个目标从最高层级上来看，就是思想和要党中央保持高度一致，不同的阶段，依据不同事件还要有具体的要求，但总体的目标是确定的。其次，教育者对自己教育的目的、自身的情绪状况、自己的工作能力、思想教育所要求的内容等要掌握娴熟，自身立场坚定，情绪高昂，思路顺畅，围绕中心工作，把握受教育者情绪及心理反应，及时调整所需情绪和方法技巧，并有所觉悟、有所突破。再次，能够正确引导受教育者的人生观、价值观，使受教育者的意识形态符合社会发展的需要，激发受教育者的积极情绪，促进受教育者健康成长。

要做到这几点，思想政治教育工作者要认知自己的情绪，调整好自己的情绪，找寻搭建沟通的平台和契机，注意内容与时机的有效结合。

运用良好的思维拓展，善于转换思路，成就自己。持之以恒固然是一个人通向成功的优良品质，但还是要具体问题具体分析，对于无望的事情要及早转换思路，找到新的途径。

记得一位小女孩在切苹果时忽然对她的妈妈说:“妈妈，苹果里有星星。”她的母亲非常惊讶，苹果里面怎么会有星星呢，感到莫名其妙。我们习惯了切开苹果的一种常用方式，没有探索过其他的方式，而孩子则不同，她们有很多奇思妙想，拿起苹果横着就切下去了，星星也就在这时出现了。惯性思维具有局限性，这告诉我们要敢于突破重围，打破定势，才会柳暗花明又一村。

当我们受情绪的困扰，在一个胡同里无法自拔的时候，当我们就要撞上南墙，快要头破血流的时候，当我们看不到边缘，觉得走投无路的时候，都要理性地告诉自己转换一下思路，重新开始，另辟蹊径可能突然间就会柳暗花明，新的突破可能就会在这个时候产生出来，本来已经感到无望的工作也就打开了新的窗口，让我们看到新的世界。

要胆大心细，敢于尝试，不怕失败。一个本来无望的事情，只要敢于尝试，哪怕失败了，也是一种成功。

有这样一个故事，许多的啤酒商家都认为，要想打开比利时首都布鲁塞尔的啤酒市场很困难。开始“哈罗”啤酒厂也是如此认为。哈罗啤酒厂的市场份额在逐渐地减少，而啤酒厂没有钱，所以无法在电视或报纸上做广告。

即便销售员林达曾多次建议厂长做些广告宣传，但都被厂长断然拒绝了。后来，林达决定冒险去做这件事情，他向别人贷款把这个啤酒厂的销售工作承包了下来，然而怎样打开市场局面，如何来做广告却成了林达的一块心病。就在他徘徊于布鲁塞尔市中心的于连广场时，他不经意间看到了广场中心有一套雕像装饰：一个撒尿的男孩用自己的尿浇灭了敌人炸城的导火线，从而挽救了这个城市。林达豁然开朗，他突然有了一个想法，他决定要做一件别人从未做过的事情。

第二天一早，广场上的人们发现于连广场上雕像的尿由水变成了金黄色、泡沫泛起的"哈罗"啤酒，旁边还立着一块写着"哈罗啤酒免费品尝"的广告牌。如此创新的事情，立刻传遍全市，只见市区四面八方的老百姓都聚集于此，他们拿着自己的瓶瓶罐罐来接啤酒喝，各大媒体也争先恐后地报道这件事情。

就在那一年，这个厂的啤酒销量一下子增长了近20倍，这个叫林达的小伙子轰动了整个欧洲，成了闻名布鲁塞尔的销售专家。林达的成功在于他那独特的广告创意，他做了一件别人没有做过的事情。

生活中，要给自己一点勇气，勇于踏入那些别人未涉足的领域还有一个最大的好处就是没有竞争，只要你能克服了这块领域本身的环境带来的冲击就基本上算是成功了，因为未涉足的领域没有别人设下的陷阱，也用不着担心别人乘虚而入，你可以悠哉而踏实地做事，一直到你所做的事情成功。

投入百分百的热情。黑格尔说过："没有热情，世界上没有一件伟大的事能完成。"的确，热情是一种状态，是一个人获得成功的原动力，是成就一个人事业的源泉。无论是做人还是做事，热情都是不可或缺的条件，热情就像发动机能量一般能使电灯发光、机器运转，能激励人，唤醒人沉睡的潜能、才干和活力，它能驱动人、引导人奔向光明的前程。在英文中，"热情"这个词是由两个希腊字根所组成的，一个是"内"，一个是"神"。这也就是说，热情其实就是一个人因为对所从事的事业具有浓厚的兴趣，而表现出来的一种积极向上的态度。

积极心理学理论也告诉我们：通常在越感兴趣的事情里，我们越能发挥自己的天赋，做这些事情既有意义又可以让我们快乐，我们乐此不疲。我们通常会对感兴趣的事投入更多的热情，也会更努力。没有热情，动机便会减弱；有了热情，不但动机坚定，连效率也会提高。

由此可以看出，一个热情的人，就等于有一股信仰灌注在他的心里，平时平顺之时可能显不出热情的威力，一旦遇到纠结之事，热情就会发挥强硬而坚定的作用。同样一份工作，同样由你来干，有热情和没有热情，效果是截然不同的。如果你的心中总是充满了激情，那么你做什么都会充满力量。反之，一个没有激情的人是很难做到始终如一的，更不要说持续做到能做出令人骄傲的成绩来了。可见，培养热情是至关重要的。

让别人看到你的热情。热情使莎士比亚拿起了笔，在树叶上记下燃烧着的思想；热情使哥伦布克服了艰难险阻，享受到巴哈马群岛清新的晨曦；热情使人们勇猛果敢，勇于为自由而战；热情使樵夫举起斧头，执着于为人类开拓文明道路；热情使伽利略举起望远镜，让整个世界为之震惊。热情推动着人们不断地革新和创造这个世界。

而在现代企业之中，则更需要人们带着热情去工作，热情的员工是企业大军的先锋队，在任何困难面前，有了热情的团队为之不断努力，一切都将会迎刃而解。身处职场中，只要你对工作拥有极大的热情并让人感受到你的工作热情，即使你不具备超人的才气，在职场上你的成功机会仍会很多。

要想让自己具有工作热情也并非难事，比尔·盖茨就说过这样的话："一个优秀的员工具有的两大优良品质——老人一样的经验和小孩一样的好奇心。"职场中的员工要始终保持如幼童般的好奇心，在工作中充满热情并不断去探索和创新。

热情是这个世界上的财富。没有了它，世界上很多伟大的事都无法完成。热情，它能唤醒人沉睡的潜能、才干和活力，它是一股能激励人朝着目标前进的动力，它也是人们从心灵内部迸发出来的一种力量。其实我们每个人都拥有热情，所不同的是，有的人能够维持 30 分钟热情，有的人能够保持 30 天，但是一个成功的人却能够让热情至少持续 30 年。

思想政治教育虽然是每天都做的事情，但又不是每天都按照同一种方式去做的过程，这就要求思想政治教育工作者选择节点，以起到更好的效果及达到更佳的效益。节点的选择要关注的问题主要有：

（1）教育的内容：如果是一般性的教育，就在日常谈话和交流中进行，按日常交往来处理。如果是特定的内容，就要预热，把情绪温度事先进行调节，预告设定前言，在预热过程中渗透，抓住机会开展教育工作。

(2) 教育方式：仔细观察受教育者情绪体验状态，选择恰当的传播节点。按照受教育者情绪规律和接受力来进行翔实传播。

3.1.2 避开情绪误区

一般人总习惯于把自己的不良情绪归结于环境事件，但情绪不是由某一事件直接引起的，而是由经历这一事件的个体对这一事件的解释和评价引起的，而解释和评价则源于人们的观念。马克思主义原理认为：内因是变化的根据，外因是变化的条件，外因通过内因而起作用。事件本身是外因，情绪的变化虽然受到事件的影响，但不能由所发生的事件决定，其根本在于人对事件的行为反应不同，情绪表现就不同。大多数人过于看重事件本身了，而忽略了对自己的想法进行合理分析，因此抱怨不断、坏心情不断……

下面介绍一些生活中常见的情绪误区，以及情商较低的人常有的表现，看看自己是不是也会迷失在这些误区里。

情绪误区——靠心情好坏来做事。等待有心情、等待情绪好之后再学习和工作，这是很多情商较低的人的通病。这些人的习惯是任着性子和心情做事。“没有好的心情怎么可能做得好事情呢？”这乍一听上去似乎很合情理和逻辑，事实却并非如此，当面对一项困难复杂的工作时，人们逃避这项工作的动机可能会远远强于去做它的动机。

有的人经常是听凭自己的情绪好坏去支配自己的工作，在企图工作而又思绪茫然时，总有避开工作，去做无关消遣的倾向。而且对工作有不合理期待，期望一付出努力就得到杰出的成果，以致根本不着手困难的任务。在碰到困难时，不愿提出问题，也拒绝接受帮助，怕这些会使自己显得愚蠢或不称职，因而坚持单干，时间一长，由于经常失败而把尝试和失败联系起来，无论出现什么新课题，都预言消极的结果，因而永远害怕去尝试新的事情。

情绪误区——成功是一天的事。婴儿要求“即时满足”，如他们在觉得想撒尿的瞬间就把尿布尿湿了，我们容忍他们的幼稚，而不对他们提出超出他们年纪的不现实的要求。

遗憾的是，有的人把这种“即时满足”的模式贯穿了一生。例如，要是决定当个艺术家，就可能不现实地期望自己马上能拿出一幅可以使自己名扬四海的杰作来，这几乎是不可能的。如果发现第一步是困难的，很可能一下子就放弃了。

有些人希望只花很少的力气而很快收到成效。当出现困难、进程缓慢时，他们就厌倦了。在他们的头脑里，目标看上去应当是笔直上升、容易进展、没有问题并且可以即时得到满足和报偿的。情商低的人不仅在没有很快学会一种新技能时会感到烦恼，当尝试着去改变一种旧习惯以改进自己生活时，也同样缺乏耐心。他们认为：一旦出现了失误，重蹈覆辙，那就全完了。他们会立刻放弃，并认为如果自己的纪录不是完美无缺的，那自己就是个失败者。他们的思维定势是：一次失败就意味着永远办不到，一次失败就意味着自己不具备所需的条件。

当然，大学生不应学习低情商者的行事方式，要懂得不能一步登天的道理，也要懂得急于求成多会导致失败。

情绪误区——对自己冷酷无情。有的人一辈子不断地重复自我责备，结果是，每次自我责备，自己的自信心都会受到挫伤。

这就形成了一种恶性循环：这些人越是责骂自己，越感到自己无能；越是感到自己无能，就越容易出差错；越是出差错，就越是觉得自己不行；而越觉得自己不行，就越责骂自己。如此这般循环下去。这种循环一旦牢固地建立起来，则那种害怕发生失误的忧虑就会大到使人陷入一种保护性的僵化状态，而别人可能视之为“懒惰”或“消极”。

过分自责和急于求成一样，使自己很容易放弃行动，这样自己就不必再为以后可能发生的差错提心吊胆了。这减少了自己的忧虑，自己马上觉得轻松舒适和得到了解脱，就再也不去努力尝试了，以为如此便再也没有失误、没有失败了，也不再自责了，不幸的是，放弃便再也没有成功的机会了。

情绪误区——成功与运气有关。有些人在谈到别人的成功时，总口口声声说是对方运气使然，他们把成功视为降临在“幸运儿”身上的偶然事件，并认为自己总是不幸的，这就造成了消极情绪的蔓延。

把别人的成功看成只与运气有关，这是消极的表现，是懒惰者的借口。看不到别人的磨砺，看不到别人与挫折的抗争，看不到别人为成功所付出的努力，这是造成心理失衡的原因之一。

情绪误区——脆弱的自尊。依恋所敬慕的人，这是健康的、正常的，人都需要他人的关心和照顾，当你能够吐露自己不无“软弱”的真情时，那些对你很重要的人将会对你更亲昵，对你的需要想得更周到，在对待你所敏感的事情上更加慎重。

然而，有些人却担心要是暴露了自己感情上的脆弱，别人就可能会低估他们，他们内心的秘密可能成为日后别人攻击他们的子弹……表露真实的个性似乎太危险了。

为了自己脆弱的自尊，将一颗受伤的心掩藏在坚强的外表下，为了自己脆弱的自尊，不敢对自己爱的人说出爱，为了脆弱的自尊，在需要别人帮助的时候强说不，把自己打扮成一个救世主的样子，把融通与友好拒在门外。

情绪误区——永远的后退者。当预感到要得低分和遇上自己觉得困难的科目时，许多人就对作业和应付考试感到特别忧虑。他们认为要是自己根本没花功夫，那么考砸了，也还说得过去，不觉得太冤枉，但要是自己拼命地学习还考不好，得个低分，就显得自己太笨了。

这种人非常怕暴露自己的不足，以致常常给自己开后门，不知不觉暗中破坏了自己成功的机会。要是失败了，就列举出许多不利的客观因素替自己开脱。为了保全面子，少担风险，失败者不尝试、不研究、不学习、不改进，当然也不肯知难而进。如果偶尔获得成功，他们还会为自己付出时间和努力如此之少而沾沾自喜。

低情商的人在这些方面的表现是：当怀疑自己的能力时，就不惜代价地回避，他们排忧解愁的法宝有贪睡、贪食、唠叨、吵架、吸烟等；他们在危急关头多会束手无策，把解决问题的责任委于他人。他们为尝试一种新的行为而感到忧虑时，往往找些借口为自己开脱，如“我太累了，现在不能集中精力……”或“我感冒了……最好还是静静地休息”。在人生的十字路口，他们总是更倾向于选择舒适、无忧之路。有时他们会被一件事压得过于厉害，以致引起一些症状，如身上疼痛、发热、伤风感冒等，于是就跟别人诉苦，就把仅有的一点儿计划也取消了，时间花费在保养上；另外，他们总觉得自己不中用，刚斗争了一下，遭到打击就失去了希望，不再努力尝试了，所以屡屡失败，而觉得自己不中用的感觉也因此而更加强烈。

情绪误区——负面情绪宣泄的误区。经常听到：有负面情绪不要压抑自己，压抑自己对身体不好，要发泄出来。的确，一旦有了负面情绪很难平复，压抑对自己身体没有什么好处。那么发泄出来就好吗？

有负面情绪后，发泄出来会有暂时的快感，有体验的人都知道，发泄了负面情绪会感到舒服、畅快和轻松，会有暂时的快感。从这一点说，发泄的确有好处。但是，发泄是指向外的，多半是有指向对象的，指向对象既包括物也包括人。若发泄对象是人，负面情绪的发泄可能会是严厉的指责和批评，甚至是攻击，会严重地破坏关系，甚至伤害对方，可以说这样的发泄只会舒服自己一时，伤害别人，破坏关系，是自私的行为，没有人会愿意接受指责和攻击，遇到别人当面反驳的情形，对当事人而言，不但负面情绪得不到宣泄，反而会形成激惹，产生更大的负面情绪，而一旦宣泄完成自己获益了，就会鼓励自己，慢慢地会形成自动化反应，对类似的事情或行为，在产生类似的情绪时，容易还去选择那种错误的发泄方式，把自己交给了情绪去控制，自己成了情绪的傀儡。我们知道，对人有伤害过激情绪，宣泄并非是处理情绪的合理手段，如果不能控制情绪，即便发泄了也依然对身体有伤害。

这里有一个不同的假设：负面情绪是由外界的事件或人造成的，还是由自己造成的。持负面情绪是由外界事件或人造成的观点的人，多半认为负面情绪是不可控的，要控制负面情绪就得控制外部的事件或人，有了负面情绪多采用不合理的宣泄方式来处理。而持有负面情绪是自己造成的观点的人，认为负面情绪是可控的，多半会控制自己，减少过激的情绪反应，有了负面情绪会采用合理的宣泄方式，不指向人。我们必须明白负面情绪的宣泄手段哪些可取哪些不可取，不可陷入上述情绪误区，必须要选取不伤害别人的方式来调节自己的情绪，解决自己的问题。

大学生的情绪误区，与一般人的情况有相同之处，但也有不同之处。大学生是受高等教育的群体，会为了一定的向上目标而努力，达不到目标时，部分人也会产生不良情绪，达不到目标有多种原因，但陷入情绪误区表现为把原因归于外部、归于老师、归于同学、归于学校、归于天气等。实际上，不良情绪产生的原因是由事件引起的，但不是由事件本身决定的。由于大学生情绪误区的特殊性，思想政治教育工作者应该用鲜活生动的社会发展中的案例来引导他们，帮助他们树立正确的世界观、人生观、价值观，让他们抛弃掉思想包袱，教导他们从正面分析、思考、观察、解决问题。

我们提倡理性的处理情绪。首先，增强对情绪的认知，改变自己对事情的看法和理解可帮助我们控制情绪。其次，有了情绪要合理的宣泄，最好是找适当的人表述，探索解决情绪困扰的合理办法，而不能由着性子去发泄，避免不合理发泄方式带来负面结果。

3.2 把握情绪管理与引导的最佳时机

3.2.1 情绪周期的界点分析

爱迪生曾经尝试用1200种不同的材料做白炽灯泡的灯丝，都没有成功。“你已经失败了1200次了。”有人这样对他说。可是爱迪生不这么认为，他充满自信地说：“我的成功就在于发现了1200种材料不适合做灯丝。”他并没有放弃实验，而是继续努力，最终找到最适宜做灯泡灯丝的材料，获得了成功。

优点往往来源于对幸福的感悟与理解，当一个人比较理性地分析自己时，总是在比较满足的情况下看待自身及自身的优点，体验幸福是发现自身优点的一面镜子。

发现自己的优点——学会“变脸”。川剧中有一种特技叫做变脸，是运用在剧情中塑造人物的。在20世纪20年代的时候，它由当时的川厨“戏圣”康子林创立，并且在《三变化身》这个剧目中演绎，讲的是一个劫富济贫的盗贼通过变脸来巧妙脱身的故事。

变脸的演绎手法是：演员脸罩纸壳面具，后来改为草纸绘制脸谱，临场以烟火或折扇掩护，层层揭去。变脸艺人头一扭，手一挥，黑脸、白脸、花脸、红脸、人脸、鬼脸，唰唰唰许多脸就能变出来，任观者如何凝神定睛也看不出丝毫破绽。变脸表演起来蔚为壮观，令人看过之后为之惊叹，誉为一绝。

如果我们能够选择情绪，能像川剧中的变脸一样，随时调动自己的情绪资源，那就像变脸一样，在需要的时候选择合适的情绪面具，做到这一点却不像演变脸那样，变脸虽然也下了很大功夫，但还是有很多人做到了，而情绪的“变脸”基本是做不到的，只能是朝着这个方向努力。

不妨设想，如果韩信对那个跨开双腿、让他从其胯下钻过去的无赖少年，也采取《水浒传》中卖刀的杨志的做法，怒气冲冲地给他一刀，那么结果会是怎么样呢？毫无疑问，在一瞬间韩信的心理得到了满足，但是日后大英雄恐怕就不存在了。

从中可以看出，韩信选择了当时的场合下对他很有利的面具，表现出对他有利的情绪，才避免了不必要的甚至影响他前途的麻烦。

这样的例子举不胜举，再看看富可敌国的比尔·盖茨，是如何利用个人情绪资源的。比尔在刚刚组建微软公司的时候，他承认他并不是最聪明的，但是比尔利用情绪资源的技艺，却是最高超的。一方面表现在他没有盛气凌人的架势，他选择了一张温和、中性的面具，以至于他去机场接一个贵宾，使来客对这个小孩感到惊奇和诧异，从而对他产生了兴趣。另一方面，他对公司里的员工，选择了一张带有激情、亢奋色彩的面具，这样的面具，使员工在繁重的工作中，体会到了无限的乐趣。

个人情绪资源整合在人的成功过程中的重要性。在我们身上，时时刻刻在发生着情绪资源的传输递转和同步协调，这种能力影响到一个人事业和生活的成功。在不同的场合，不同需求者面前，采用不同的情绪脸谱，相应的个人情绪资源系统就会启动起来，通过类似于变脸的技术，以达到所需要的效果。

发现自己的优点——幸福比成功更重要。幸福是一种感觉，是内心的体验，并不是只用物质来衡量。那么，我们想一想：什么会让我们感到幸福呢？一所大房子，一辆好车，还是一位善解人意的伴侣？积极心理学权威米哈伊·西卡森特米哈伊曾问过一个问题："我们这么富有，为什么我们还不开心呢？"生活中也时常会听到一些朋友说："郁闷啊，郁闷。"为什么生活水平逐步地提高了，却有那么多的人陷入苦闷之中去了呢？

有这样一个故事：冬日里，一位富翁去海边散步，当他漫步到海边时，他看到一个渔夫也在悠闲地晒太阳，就问道："你怎么不去打渔呢？"

渔夫反问："为什么要去打渔？"

"挣钱买大渔船呀！"

"买大渔船做什么？"

"能够打很多渔，你也能成为富翁。"

"成了富翁又怎么样？"

"不用天天去打渔，还可以幸福自在地晒太阳！"

"我不正在晒太阳嘛！"

富翁哑然。

富翁和渔夫哪个更幸福呢？不见得锦衣华服就是幸福，不见得粗茶淡饭不是幸福，每个人对幸福的理解、标准都不尽相同，所以，只要是自己认为快乐而有意义的事情就是幸福。

《2005 年社会蓝皮书》公布了目前中国近八成居民感到生活幸福，农村居民幸福感强于城镇居民。“金钱不是万能的”，这句话在“澳大利亚幸福感指数”的调查中得到最佳印证。这项调查涉及澳大利亚不同地区 23 万人口，结论显示：悉尼等大都市中的人们最郁闷，而“穷乡僻壤”的人们反而活得最快活。在巴西、阿根廷等国的人们幸福感比其收入预期的要高出一些，在东欧国家的人们幸福感则比其实际的经济收入水平预期的要低一些。而经济收入水平很高的日本人，其幸福感却很低。在不同文化背景下所做的幸福调查中，心理学家大卫·迈尔斯和他的同事们发现，幸福与财富之间的关联性非常低，唯一的例外是在一些极穷困的、基本的生活条件得不到满足的地区。根据积极心理学大师塞里格曼的观点，财富只是在缺少时才对幸福有较大影响，当财富增加到一定水平后，财富与幸福的相关性就小多了。即便是在福布斯排行榜中前 100 名，身价在 125 亿美元的富翁，也只是比中等收入的人稍微幸福一点而已。此外，泰勒博士指出：金钱除了可以提供食物和居所外（不是指鱼翅和城堡），只是一种实现目标的手段。有趣的是，我们经常搞不清楚目标和手段的区别，而牺牲幸福（目标）来换取金钱（手段）。

财富并不能使人感到幸福，可为何还是令一些人如此痴迷呢？为什么寻找生命的意义远不及获得财富来得实际呢？为什么有些人可以很自然地以物质条件为标准做决定，以内心为标准去做决定却总是十分困难呢？

从生物的进化角度来看，有可能是我们远古的历史影响了我们现在的行为。当人类还在原始时代时，更多的物质资源决定我们是否可以度过一个严冬或者自然灾害，因此，储存成为一种习惯。而发展到现代社会，我们不再为生活而储蓄，而是为储蓄而生活。对于广大的在贫困线上苦苦挣扎的人来说，他们并不能对“金钱买不到幸福”有深刻的认识，他们认为，如果生活中多一些金钱能使他们过得更加快活。社会心理学教授经过调查研究发现，他们这种观点是错误的，人们一旦满足了基本的生活需要之后，快乐的源泉主要建立在一些有意义的娱乐活动和丰富的人际关系上等。而这些基本与金钱没有直接的关系。一些心理权威教授曾说：那些无形的财富比有形的财富更能让人得到快乐，快乐并不是拥有更多的物质享受，而是懂得享受自己已经拥有的一切。

财富不是幸福之源，财富仅仅是提高人们幸福感的有效方法之一。不可否认，在社会生活中，物质上的富有在帮助个人获得幸福的同时也能给社会带来更多的幸福。有了金钱上的保障，我们不但不会为账单而感到烦恼，更可以对不喜欢的工作说“不”。此外，赚钱的欲望可以成为积极的挑战，甚至给我们启发。但是，金钱本身并没有深层次的价值，它仅可以带来一些丰富的经历。物质本身并不能给生命带来意义或是精神上的财富。正如英国哲学家大卫·休谟所说：“人类刻苦勤勉的终点就是获得幸福，因此才有了艺术创作、科学发明、法律制定以及社会变革。”可见，财富、声望、知名度与其他目标都不能和幸福相比，无论是对物质还是名望的追求，其最终都是追求幸福的手段。无论在哪种身份背景下，只有当自己觉得心灵舒坦，精神充实，才会感觉到幸福；只要打造一个简单快乐的心境，过有意义的人生，就能提高生活的幸福度。反之，即使有再丰富的物质，得到再多的爱，心灵没有阳光，也是感觉不到幸福的。如果认识到这点，我们就会发现富翁是幸福的，渔夫也是幸福的。

发现自己的优点——幸福由心造。幸福就像是我们小时候手中把玩的“万花筒”一样绚丽缤纷，当你转动它时，里面的图案就会跟着变化，那多彩、漂亮的玻璃片，通过玻璃镜子的反射，组合成许多美丽的图案。不同的组合有着不同的心境。

在1924年一个非常闷热的夏天，罗素来到中国的四川。罗素和他的陪同人员各自坐着两人抬的竹轿上峨眉山。作为思想家和文学家的罗素，看到几位轿夫沿着陡峭险峻的山路前行累得大汗淋漓，根本就没了观赏峨眉山景观的闲适心情，他思考着几位轿夫的心情，他想：这些轿夫一定特别痛恨坐轿的人，大热天的，还要抬着他们上山；他们一定在想，为什么自己不是坐轿的人而是抬轿的人呢？

当到了山腰的一个小平台时，罗素让轿夫停下来休息。他下了竹轿，细心地观察轿夫的表情。他们拿出烟斗，坐成行，有说有笑地讲着事情，对于闷热的天气和坐轿的人没有丝毫埋怨，对自己的命运更没有感到丝毫的悲苦。反倒兴高采烈地给罗素讲自己家乡的笑话，还好奇地问罗素一些有关国外的事情。交谈中，他们还不时发出高兴的笑声。

之后，罗素在其《中国人的性格》一文中讲到了这个故事。他的著名人生观点就是：用自以为是的眼光看待别人的幸福是错误的。

有谁能说，坐轿子的人不是幸福的，又有谁能说，抬轿子的人是不幸福的，这个世界上，每个人都有自己的位置，每个人也都有自己的追求。选择适合自己的生活，得到自己想要的生活，便是真正的幸福。

生活中，身处不同环境里的人对于幸福的感受有着不同的心境，所感受的幸福程度也会有所不同，但有一点却是相同的，那就是心灵快乐才会产生幸福。所以，我们不妨多听听自己内心深处发出来的声音，只要心是满满的，生活中可随处拾取幸福。不要简单地以为富有就会幸福，不要以为追求形式上的美好与条件上的耀眼就是幸福，幸福是一个过程，一个体会快乐与意义的过程，一个心灵获得满足的过程。

汤玛斯·富勒说："满足不在于多加燃料，而在于减少火苗；不在于累积财富，而在于减少欲念。"财富和幸福是手段与目标的关系。幸福来自于积累财富的过程，财富的增长并不意味着幸福感的增强，也许在刚刚开始积累财富的阶段，数量的增加让我们倍感幸福和满足；但是随着自己的消费欲望也水涨船高，财富增长的速度逐渐落后了欲望的增长，这个时候，我们没有感到幸福，反而感到压抑和痛苦。财富积累到一定程度，它只是一个数字而已。

心理学家的研究发现：金钱在影响幸福的各种因素中，只起到 1/5 的作用，而在构成美好生活的因素中，则只起到 1/6 的作用。金钱真的能给人带来安全感吗？

生活中有许多人，对金钱抱有金钱本身所不能承载的期望。你是不是也曾这样想过：只要我有很多钱，我就会觉得很自信，感觉很好。只要我有很多钱，就会有更多的人尊重我，喜欢我。我有很多钱，我会感觉十分安全，包括我的生活也会有保障。

一旦你有上述三种想法中任何一个时，你就会受到金钱的困扰，并且为之感到恐惧和忧虑。总是觉得钱不够多，而且收入很难获得增加，而愿望也没有办法实现，这使得受金钱所扰之人更易绝望和消极，因而更渴望金钱，因为缺乏金钱而感到不安全、不自信和不快乐。要辩证地看待金钱与幸福的关系，不要被上述观念所束缚。

发现自己的优点——情感与幸福。爱，体现为一种生活的心态。黄昏的厨房冒着热气的汤煲是爱，冬日的路灯下徘徊期盼的身影是爱，斑马线上握紧的双手是爱，熟睡时加在身上的薄被也是爱。这种人与人之间的关切与关心体现为爱，爱是一种正向的感情。爱有积极的爱和消极的爱之分，有利于感情表达、有利于促进双方信任、理解、沟通的爱是积极的，相反，则是消极的，要理性地表达爱。

发现自己的优点——建立自信就这么简单。积极状态与结果并无必然联系，得高分、考上大学并不一定意味着积极，成为一个社会公众人物也不一定意味着积极。积极应该是与过程相关联的，与乐观、接受、承担、勇气、关怀、自信、宽容、创造有关的。所以，我们每个人都有充分的理由自信：我们不漂亮但我们健康；我们不高贵但我们快乐；我们不富裕但我们知足；我们的学识不渊博但我们一直没有放弃努力……

尽管人们无法控制影响自信的很多因素，但却可以坚持做一些事情以建立自信，采用以下几种策略可以获得激发潜能所需的精神优势。

需说明的是，自信不等于自负。自负的人目空一切，认为自己高高凌驾于众人之上，凭着自己的优势不轻易向任何人点头，常拒人于千里之外，给人一种望而生畏的感觉；而自信的人，因为自信更多了一些平和、宽容、礼貌，他们待人和颜悦色，易于交谈、易于接近，因而给人亲近之感。

通常情况下，人们在参加一些非常有趣的活动时，会易达到忘我程度，将时间及忧愁全部抛之脑后，相应的，生活满足感便随之而来。心理学家彻斯把这一现象称为“顺其自然”，他认为，生命中许多活动的流程就是生命中的满足，如人们正在处理棘手的事件，正在玩乐器或者是在和孩子一起解决难题等。

然而，生活中总有一些人经常牢骚满腹，在羡慕别人生活的同时，表达自己对生活的不满。也许他们最可悲的便是错过了自己生命中最美好的欢乐时光，而留下了无尽的遗憾。与其终日停留在抱怨哀叹中，浪费、虚度光阴，不如快快乐乐地生活，我们应该知足常乐，身体是健康的，我们就已经拥有了人生中极为珍贵的财富，那些躺在医院里的病人是多么羡慕能在阳光清风下徜徉的人群啊！许多事情只有经历过，才知道有些事物的弥足珍贵。现代人行色匆匆已定格为一种时代的风景，在挑战与竞争接踵而至的今天，在人们取得一些成绩的时刻，若能做到乐由心生，实为人生的大智慧。

“知足常乐”，顾名思义，就是对幸福的追求持一种极易满足的态度。古人云：“罪莫大于多欲，祸莫大于不知足，咎莫大于欲得。故知足之足，常足矣。”意思是说：罪恶没有大过放纵欲望的了，祸患没有大过不知满足的了；过失没有大过贪得无厌的了。所以知道满足的人，永远是觉得满足的快乐的。古代哲人认为，人的痛苦根源不是在于贫困而在于欲望。人的追求与欲望一旦满足不了便产生了痛苦；而一种欲望被实现后又随之而来新的追求，欲望总是无法得到满足，人也徘徊在痛苦的边缘。

知足常乐是一种心态。是用发展的眼光看待事物的心情，安于现状的骄傲自满不是知足。《大学》曰："止于至善。"是说人应该懂得如何努力而达到最理想的境地，更应该懂得自己处于什么位置是最好的。知足常乐，知然后乐，是透析、定位、放松自我。做到"知"，不会让自己好高骛远，迷失了方向，"足"不是碌碌无为、心有余而力不足，更不是心力交瘁，它是一种幽幽释然的情怀。

"布衣桑饭，可乐终身""宁静致远，淡泊明志""采菊东篱下，悠然见南山"是古人知足常乐的典范。知足这种良好的心态，运用到待人处事上，充满了和谐、平静、适意与真诚。它赋予了我们一种人生底色，当我们忙碌奔波，疲于追求、拼搏得失去方向时，知足常乐所孕育的宁静与温馨给风雨兼程的我们带来安慰，送来"指南针"，待我们休憩整理后，督促我们毅然前行，为我们增添不竭的动力。

知足的人即易满足的人，他们不会去追求那些明知根本不可能实现的欲望，而他们也会在能实现的欲望之内，为之奋斗，坚持不懈，这类人一旦得到了自己的所求，快乐便油然而生，并且他们每上一个台阶时，快乐的程度也会上一个新的台阶，他们的这种追求，不是刻意去勉强自己，去强迫自己，而是在自我能达到的范围内去要求自己，自觉地知足，心平气和去享受独得之乐。

人生在世，不如意事十之八九。生活上的不开心，情感上的不舒心，事业上的不顺心，都是一种心态。人长大了，欲望也会随着年龄逐渐增加，不像孩童时容易得到满足，可是若干年后回头看看，你会发现我们那时的欲望与孩童时并无本质上的差别。得到和失去只在一瞬间。

当然，知足常乐，不是盲目乐观，也不是要躺在光荣榜上睡大觉，沾沾自喜。任何事情的发展都不可能一蹴而就，审慎洞察当前的成功，然后乐于进取，勇敢开拓，为将来取得更大的成功而鼓足信心。

人人若能做到知足，世间也便少了几许纷争。小说《笑傲江湖》里有一句话："莫思身外无穷事，且尽生前有限杯。"不失为一种人生感悟，点出"人生一世，草木一秋"的真谛。

你或许是平凡的，但你不一定就不是幸福的。你的财富往往就是这些看似平凡的东西，只要你拥有一颗知足的心。

发现自己的优点——比较。活在这个充满竞争的世界，处处都有坎坷、有崎岖，甚至还有断崖，不顺利的生活所带来的痛苦更是无穷无尽，但痛苦不是我们生活的目的，我们不能一味地追求“吃得苦中苦，方为人上人”，而将快乐置于身边不顾。人与人之间有可比性吗?

纵观生活中的比较，大致有两种情况。一种是与别人比较，多数是自己周围认识的人。假如说一个人 1 年挣了 5 万元，当听说比尔·盖茨挣了数百亿时，多半不会感到低落，可是如果他的朋友挣了 8 万元，他可能就会感到难过了，甚至会痛苦反思。第二种是与自己的以前比。如去年年薪只有 2 万元，而今年却是 5 万元，想到这，会感到开心。可是如果说去年收入 5 万元，今年减至 2 万元，那么可能会有难言的酸楚。

每个人情况不一样，每个人的性格、能力也有差距，过多地比较会造成不必要的麻烦。所以，想要获得幸福，就要调整心态，做到正确的比较，适度的比较，努力提高自己的幸福感和幸福指数。凡事要想得开，看得透，即使身处逆境，也要相信自己不是最不幸的。

罗素说：“进步是比较的结果。比较能给人进步的动力和参照，但盲目的比较会使人陷入误区。不是在自己的努力里寻找快乐，而是在别人的拥有里寻找痛苦。结果非但没有进步，反而徒生烦恼。所以很多时候我们还是要树立起不比意识。”假若真要比较的话，就去和游泳冠军比象棋，和象棋冠军去比游泳，不要在别人更擅长的领域过多的苛求自己去与他们比较。比与不比是相对而言的，相对于盲目的和他人比较，花更多心思在提升自己、突破自己上更加有意义。

有人抱怨生活中的种种不如意，要是仔细想想，我们应该是非常幸福的：如果有关心自己的人，拥有自己的家庭，每天不为吃穿犯愁，就比世界上很多的人幸福。如果清晨醒来，感觉自己还能自由呼吸，就比在这一刻离开人世的人更有福气。如果有储备充足的食物，有得穿，有得住，就已经比世界上很多人更富足。如果父母仍然在世，就很幸福。如果能面带微笑，内心充满感恩的心情，是真的幸福，因为世界上有许多人可以这样做但他们没有做。

请认真地对自己说：“哇，原来我是这么幸福的人!”

3.2.2 情绪周期的界点分析与思想政治教育的契合

大学生的情绪应该说是相对比较简单的，简单不是说没有层次，或者说是水平低，而是他们涉猎社会少，所以产生情绪的缘由及因素少，由此，情绪虽然多种多样，但呈现出相对简单的方式。在这种情况下，思想政治教育工作者寻求情绪与思想教育的契合点，是取得教育成效的最好契机。

每个人都会有自己的情绪周期，做某个人的思想工作，就要多与之交流和沟通，多观察其情绪界点所在，多分析其情绪周期的规律和调动其情绪的特殊方法，找到适合这个人的方法，思想的传递就快，效果就好。当然，作为教育者并不是完全针对某个人的工作，而是面向大多数人的工作，那就要求找寻群体的情绪界点，找到思想教育工作的契合点，多深入学生中，了解学生学习、生活需求，学生与学生交往特征，与教师沟通情况，着重把握群体思想动态和规律，先调动相应的情绪，找到思想教育与情绪碰撞的最佳契合点，有利于提高思想教育效果。

4 大学生的情绪管理

4.1 情绪管理及其原则

有人说，人生不如意事十之八九，那么我们就要学会常想“一二”。在不如意时常想那一两件开心顺心的事，保持良好的心态，就是要学会坦然面对得与失，学会古人之“宠辱不惊，闲看庭前花开花落；去留无意，漫随天外云卷云舒”的从容和“不以物喜，不以己悲”的淡定。

4.1.1 本能的情绪管理

有这样一份资料，其名字就叫“有趣的计算”：

如果令A，B，C，D，…，X，Y，Z这26个英文字母，分别等于百分之1，2，3，4，…，24，25，26这26个数值，那么我们就能得出如下有趣的结论：

HARD WORK（努力工作）：

H+A+R+D+W+O+R+K

=8+1+18+4+23+15+18+11

=98%

KNOWLEDGE（知识）：

K+N+O+W+L+E+D+G+E

=11+14+15+23+12+5+4+7+5

=96%

LOVE（爱情）：

L+O+V+E

=12+15+22+5

=54%

LUCK（好运）：

L+U+C+K

=12+21+3+11

=47%

这些我们通常非常看重的东西都不是最圆满的，虽然它们非常重要，那么，究竟什么能使生活变得圆满？

是MONEY（金钱）么？不！

M+O+N+E+Y

=13+15+14+5+25

=72%

是LEADERSHIP（领导能力）么？不！

L+E+A+D+E+R+S+H+I+P

=12+5+1+4+5+18+19+8+9+16

=97%

是SEX（性）么？更不是！

S+E+X

=19+5+24

=48%

那么，什么能使生活变得圆满呢？

是ATTITUDE（心态）！

A+T+T+I+T+U+D+E

=1+20+20+9+20+21+4+5

=100%

正是我们对待工作、生活的态度能够使我们的生活达到100%的圆满！这从一个角度反映出心态对人的影响力。在日常生活中保持良好的心态是多么重要啊！

“春去秋来，世事往复。一张一弛，乃文武之道。”这些是我国劳动人民在生产生活中归纳总结的周期理论，人的情绪也是有一个周期的，遵循这些周期规律，了解情绪不同周期的特点，有助于我们调整自己的心态。从我们自身的生理周期来看，每隔一段时间，容易烦闷、急躁，记忆力下降，精神状态不佳，身体疲乏；而过一段时间，精力又开始充沛，精神焕发，工作、学习的效率特别高。这说明人的体力、情绪和智力，也同样存在着高潮及低潮的周期变化。人体生理节律这种周期变化，要求我们认真地分析自己的情绪周期变化，以便让自己的心态趋于100%。

读过这样一则小故事：有位老太太生了两个女儿，大女儿嫁给了伞店老板，小女儿当上了洗衣作坊的女主管。于是老太太整天忧心忡忡，逢上雨天，她担心洗衣作坊的衣服晾不干；逢上晴天，她生怕伞店的雨伞卖不出去，天天为女儿担心，日子过得很忧郁。后来有一位聪明人告诉她："老太太，您真是好福气！下雨天，您大女儿家生意兴隆；大晴天，您小女儿家顾客盈门。哪一天你都有好消息啊！"老太太一想，果然如此，从此高兴起来，每天都很舒心。天气还是老样子，只是心态变了一变，生活竟然焕然一新。

我们的生活状况其实就是我们心境的外部反映，从某种意义上说，有什么样的心境，就有什么样的生活。正如桌上放了半杯水，悲观的人看了说："哎，我只剩下半杯水了！"而乐观的人看了却喜滋滋的说："呵，我还有这半杯水呢！"

悲观失望的人在挫折面前，恐会陷入不能自拔的困境；乐观向上的人即使在绝境之中，也能看到一线生机，并为此而努力。一个人要想生活幸福，就不能把目光停留在消极的事物上，那只会徒增沮丧与烦恼，还会影响身心健康，人生可能被失败的阴影遮蔽本该有的光辉。

哲人说："你的心态是你真正的主人。"伟人说："要么你去驾驭生命，要么生命驾驭你。你的心态将决定谁是坐骑，谁是骑师。"在人生的旅途中，有数不尽的坎坷泥泞，也有看不完的春花秋月，持一种什么样的心态，将影响自己的人生轨迹。

人生其实很简单，只有谋生和乐生。从字面上理解，"谋生"其实是个苦涩枯燥的词语，意味着付出、挥汗劳作、奔波……人之为人，就要有立足于世的本事，有生存的技能，谋生的手段。而"乐生"则是一个愉悦丰沛的词语，意味着乐趣、品味、情调、享受……乐生是属于精神层面的，与物质相关性不高。

"谋生"与"乐生"，乃是我们对待生活的两种态度，会"谋生"的人不一定就"乐生"，问题的关键是：我们该如何去看待，怎样去接受。生命的目的，如果仅仅是为了谋生，我们可能会感到劳顿、悲苦、沉闷、日子了无生气。相反，我们把生命的过程看作是一个享受、体验的过程，生活一定会给我们制造种种意想不到的惊喜，因而“谋生”也就变成了“乐生”。

人生苦短，不能任由烦恼淹没快乐。心是烦恼的根源，亦是快乐的根源，生活中处处都有明媚宜人的阳光，快乐的人一路纵情歌唱。树立健康良好的心态，则是一切生机和创造的源泉。就像一句诗中写道：“即使到了我生命的最后一天，我也要像太阳一样，总是对着事物光明的一面。”学会乐生，永远保持乐观的心态，才能在任何时候，都能做到“行到水穷处，坐看云起时。”

成功是一个过程。有一句西方谚语叫做“罗马不是一天建成的”，用来比喻人生的成功过程，颇有几分相像。青年孜孜为名，中年孜孜为利，老年孜孜为善，在人生的不同阶段，人们会有不同的追求，追求的实现过程与成功的体现过程同步。只不过成功在古人心目中，不仅意味着事业上的成就，还蕴含着人生境界的提升，即使当时不顺利，成功未能及时到位，个人修养方面仍然马虎不得，所谓“穷则独善其身”，说的便是这个意思。古人在渴望成功、取得成功的同时，不忘修身养性，并未把成功看得高于一切。在崇尚成功的年代里，成功人士频频出没于大众传媒，成功诀窍充斥坊间的大小书摊，成功传奇成为普通大众的茶余谈资，但成功究竟意味着什么，大约不会有一个人人赞同的答案，更何况一些今人认同的成功者，在他们生前莫说别人，连他们自己大概都不会轻易断言自己是个成功者。

渴望成功没有错，但实践已经证明，急于证明成功，不是成功的唯一表达方式，也不是最好的表达方式，平和心态，脚踏实地。

能够驾驭自己的优缺点。每个人都是一个独立的个体，每个人都有自己的优点和缺点，世上没有十全十美之人，但一个人如果能了解自己的优点和缺点，以及这些优点和缺点在不同时空对其所具有的意义，在一定程度上有助于自己变得更好。

从常理讲，一个人的优点对生活会起到一定的帮助作用，缺点则会为生活增加一定的阻力。因此，优点越多的人，成功的可能性越大，缺点越多的人，则越不易成功！可是事实又不尽如此，现实生活中，也会有一些优秀之辈抑郁潦倒，而也有不少平庸之辈表现不凡。现实之所以如此，主要有以下两方面的原因：

第一，优缺点的种类与本质。也就是说，有些人虽然优点不少，却存在着很大的缺点，此缺点会破坏甚至毁灭其他优点所创造的成果，优秀人才的潦倒失意大都因为如此；平庸的人优点虽不如优秀的人那样多，但若不具彻底破坏性的缺点，而优点又具有建设性，那么其成功自可预期。

第二，机遇。一个人的成功离不开机遇，机遇影响着人生的转折，这些转折有好有坏，至于好坏则看机遇与人优缺点的关系。换句话说，机遇与人的优点结合，则有好的转折，若与人的缺点联系在一起，则有不好的转折。

但必须认识到：一个人优缺点的本质很难加以改变，机遇也不是人能够完全把握的，但一个理性、冷静的人应该可以做到驾驭自己的优缺点，而不让优缺点主宰自己！

那么我们应该如何驾驭自己的优缺点呢？一是根据不同环境，灵活运用自己的优缺点。尽量以自己的优点来应对客观环境，当环境发生转变，并且直逼缺点时，也不必逃避，应首先思考一下二者之间的关系，因为有时候缺点在某些环境下反而会成为优点，如果没有这个可能，就要考虑回避了。二是以优补缺、以缺护缺。前者是在无法回避时的补救措施，避免一直处于"挨打"的地位；后者则是为了模糊自己，避免成为被攻击的目标。

以上两点看起来似乎容易，不过要真正做到却是很困难的。但总要试着去做，因为尝试了才有可能有所突破。

退一步海阔天空。就像我们不可能让世界上的每一个人都满意一样，我们的生活不可能处处都是鲜花，我们的成功之路也不可能总是一帆风顺，我们也不可能事事都比别人强。那么，在我们的人生不是一帆风顺的时候，在我们的人生出现一些挫折的时候，在我们的面前不都是鲜花的时候，我们该怎么办？这时候，不妨后退一步，海阔天空，人生照样美好，天空依然晴朗，世界仍是那么美丽。

做生意，原本肯定能赚一百万，由于种种原因，最后只有十万到手。这种时候，后退一步想：毕竟没有赔钱。当然了，事后得好好总结一下经验，那九十万是怎么未到手的。

公司里人事调整，原想这次肯定能升职，可宣布各部门人选的时候，听到最后也没听到老板念自己的名字。这种时候，先别沮丧，后退一步想：毕竟没有被炒鱿鱼。然后想自己为什么没有被提拔，如果的确不是自己的能力问题，那损失的是老板，不要难过，调整好情绪。

我们应该从正向去思考问题，如：虽然被老板炒了，但掌握的本领还在，自己的能力还在，做好事情的基本原则还在，尤其是做人的根本还在，被老板炒了就不是什么大问题。谋划好自己以后的路，为找寻新的机遇和机会做好一切准备。

以一种平和的心态去看待人生的不顺和挫折，并非是一种消极的心态。有时候后退一步，寻找到一种海阔天空的人生境界，这也是一种积极的心态。起码，它教人们认识了生活，认识到人生不会一帆风顺，然后，就推动人们去学习在遇到不顺和挫折的时候怎样对待人生，对待挫折，对待自己。

虚心是制胜的法宝。我们常说："尺有所短，寸有所长。"尽管每个人身上都有或多或少的缺点，但更重要的是每个人身上都有闪闪发光的亮点。我们有了心胸宽广的品质后，自然应该虚心学习别人的长处，借鉴他人的经验，这才是成功人士能够立于不败之地的法宝。

向他人学习，知己知彼。学习他人一个最重要的方法是自认不知。对于大多数人来讲，这样做很难，因虚荣心强的人，不愿意承认自己不知。恰恰是这些虚荣心变成了前进道路中的障碍，如果坚持认为自己是多么有本事，如何有才能，在不懂的地方不去下功夫，那么便不会有所提升。相反，如果能承认自己的不知，虚心向他人学习，反而会得到别人的支持与帮助。

善于听取他人意见。俗话说："忠言逆耳利于行。"倘若我们能够放下虚荣心，认真听取别人的意见，肯定能够从别人的意见里发现自己的一些弊病，这些弊病往往是达成成功人生所必须克服的，所谓"以人为镜"正是这个道理。我们一定要记住："知道怎样听别人说话，以及怎样让别人开启心扉谈话，是制胜他人的法宝。"

肯定他人的长处。虚心学习他人，最重要的是肯定他人的长处。当我们真心实意地想要向他人学习时，首先应该对别人的长处加以肯定，前文已经说过每个人身上都有闪光的亮点，每个人都期待别人发现并欣赏他的闪光之处。一旦我们能够做到这一点，相信会收获很多惊喜。因为大多数人都有一种共同的心理，期待别人的肯定和赞赏，所以他不可能对自己的长处也加以隐藏，他甚至还可能会有一些炫耀的成分在里面。给他一个展现的机会，这不仅仅是给了他一个机会，我们也会得到许多他的智慧结晶，这些对我们的一生都将有着极大的帮助，是我们克敌制胜、勇往直前的法宝。

获得社会的信任。一个人如果凭着自己良好的品性，能让人在心里认可他、信任他，那么他就有了一项成功者的资本。但是，真正懂得获得人信任方法的人少之又少。大多数的人都在无意中给自己前进的大道设置了一些障碍，比如有的人态度不好，有的人缺乏机智，有的人不善于待人接物，常常使一些有意和他深交的人感到失望。

任何人都应该努力培植自己良好的名誉，人们愿意与品行好的人深交，愿意竭力来帮助品行好的人。一个明智的商人一定会把自己训练得十分出色，不仅要有经商的本领，为人也会做到十分的诚实和坦率，在决策方面更是会培养起坚定而迅速的决断力。

有很多银行家非常有眼光，他们对那些资本雄厚，但品行不好、不值得信任的人，绝不会放贷一分钱；而对那些资本不多，但肯吃苦、能耐劳、小心谨慎、时时注意商机的人，则愿意慷慨相助。

不钻“牛角尖”。每个人都可能办错事、说错话，但这并不可怕。可悲的是有许多人因害怕丢面子，不敢承认自己的错误，面对别人的忠告仍旧护短遮丑、羞羞答答、吞吞吐吐，结果错上加错。

一个人不论职位高低，有短敢揭短，人们就不会把他的短放在心上；有丑敢亮丑，人们就不会在意他的丑。敢于揭短亮丑，是诚实可靠的表现，不但不会失去面子和信任，反而会提高威信，增加影响力。人一生中没有出现过错误是不可能的，就像说一个人一辈子从来没有正确过一样，这都是不实际的。不断地犯错误到纠正错误到再犯错误，然后再纠正错误，重复不断，循环往复。只有这样，人才能不断从错误中总结经验，得到发展，从而逐步完善，成为一个相对比较完美的人。

不管是普通人还是伟人，不管是小职员还是领导者，都应该养成善于接受他人意见的习惯。但是，这种善于接受意见绝不是无主见地接受，把别人的话当做救命的稻草。就人来说，我们要慎听幼稚轻率者的献策；就事来讲，要慎听那种过激的言论。对于别人的意见，要经过自己的深思熟虑之后再决定是否接受。

还要注意的就是不要偏听偏信。偏听偏信往往会使人由这个错误走向那个错误。“兼听则明，偏信则暗”，要有比较、有选择。

固执己见者由于过于“迷信”自己，一味地执迷不悟，有时就难免言行过激，有极端化倾向。他们顽固地“自信”，对其他人的话充耳不闻，但又生怕自己不被人重视，得不到他人的承认，于是，在顽固的“自信力”的支持下，义无反顾地沿着错误道路走下去，其过激言行不但没能扭转错误方向，反而加快了失败的到来。

老百姓有句俗话：“听人劝，吃饱饭。”刚愎自用、钻牛角尖，只会使前面的路越来越窄，越走越走不通，它不是成功之路，而是失败之途。

积累无形资产。人的资产有有形的和无形的之分。有形的资产就是包括动产和不动产的“财产”，无形的资产就是对人有正面意义的本身条件和别人及社会对此人的评价等。

有形的资产需要累积才会增加，无形的资产也需要累积才会对人产生效益。有形的资产和无形的资产看起来是两回事，其实无形的资产将决定人可以拥有多少有形的资产。无形的资产包括：

丰厚专业经验。专业知识很容易就可得到，但经验却需要累积，“师父”和“徒弟”不同之处在于师父有徒弟所没有的经验。一个人的经验越丰富，其在专业领域就越有地位。

奠基个人信用。古人说“人无信不立”，强调的就是信用，一个人做事有信用，做人有信用，别人自然会相信他，愿意和他来往，愿意和他合作。有信用的人，专业能力就算稍差，别人也愿意给他机会；专业能力强但没信用，别人体验过一次就怕了，这种人的成就有限。做人有信用，这种评价在人与人之间传播，将带给你无限的好处。

努力负责尽职。没有人会喜欢不负责、不尽职的人，因此对任何事都负责尽职的人，必给人信赖感，让人愿意把重要的事托付于他。

注重个人荣誉。一个人总有值得被肯定的因素，获得自己的荣誉，这些荣誉对于个人来说是有力量的。

拓展平易谦和。没有人会喜欢狂妄自大、咄咄逼人的人，因为这种态度会使对方有压迫感，而平易谦和却让人如沐春风，同时这也是人际交往关系最好的催化剂，人缘好，朋友就多，当然也就左右逢源了。

在社会上做事，单打独斗不易成功，也不可能一入社会就能有辉煌的事业，因此累积无形的资产是很重要的一件事，而有了无形的资产，哪怕当时没有有形的资产也不要紧。这一点，仔细观察社会上的成功人士就可以明白。

做到知足常乐。一个人迷恋自己，对自身过于崇拜惊叹，很可能确有出人头地不凡之处，但他的不凡和智慧一定不是最高，因他悟不出“人外有人，天外有天”“学无止境”“三人行必有我师”之类的真理，出现量小易盈、自满自大的问题，是让与他相对的人很难承受的。还有一种人，眉眼之间洋溢着和平的神气，经常笑容满面，说起话来风趣横生。这种不忧不怨的人，属于知足常乐的一型。

自满与知足从字面上看来，仿佛都是对自身情况感到满意的反映，事实上内心的出发点和外在表现给人的感受却有很大的不同，其间境界的高低更是差之千里。而从根本上说，知足也罢，自满也罢，与外在客观条件并不一定有相互的关联，一个人自己觉得生活到这个程度，于愿足矣，并不代表他的生活真的就无懈可击，样样可打满分，主要是他能衡量自身的能力，正视客观的条件，不妄想不贪求，也不去与他人比高下，能够以宽容坦荡的心去对待生活，使自己的人生不受外界的影响和干扰，顺遂地和平度过。

懂得知足的人才能常乐，总想着与人一较高下，就怕不比别人强，或怕别人不知他强的人，总活在忧虑之中，怎能达成真正的快乐。归根结底还是那句话：“天外有天，人外有人。”你好，世界之大还会出现比你更好的人，人生一共短短的几十年，重要的不是你曾博得多少掌声和艳羡的目光，而是你得到了几许心安和做人的乐趣。自满自大的人不一定快乐，但自得其乐的人一定快乐，所以要学会做个知足常乐的人。

向乐观积极的人学习。乐观主义与悲观主义，两者正好具备了相反的优点与缺点。乐观的人在行动上比较积极，但往往低估了实际会遇到的困难，所以有时容易在危险的生活之路上碰到意外。相反地，悲观的人过于慎重，容易错失良机。总之，将两者适度混合，就能更接近理想境界。

实际上，乐观主义者与悲观主义者不仅对未来的看法截然不同，对自己与他人采取的态度也不同。

如前所述，悲观的人对未来抱持否定的看法，对任何事情总是做最坏的预测，在观察人的时候，总是看到别人不好的一面。对悲观的人而言，社会是过于复杂多变的，不确定因素很多会让他们紧张。

对悲观的人谈起任何计划，悲观的人可能马上就会提出一连串有关这个计划的麻烦与障碍。而如果某天早上我们在路上偶然碰到一个悲观的人，可能还会受到对方消极态度与无力感的感染，影响我们当天的心情。

相形之下，乐观者在人际交往中会更具优势。他容易信赖别人，也愿意涉入险境。但他也能察觉别人的恶意，只是他不愿将之视为障碍而犹豫不前。他相信每个人都有优点，并在与人相处时更多的关注并称赞别人的优点。

悲观者更倾向于躲在自己的保护壳里面，甚至不善于听取别人的意见，认为外面具有一定的危险性。相反地，乐观者关心别人，让别人畅所欲言，给别人充足的时间来表达，如此便能够了解每个人的长处、优点，因而得以更好的与人相处，与大家团结一心，共同朝某个目标迈进。卓越的组织者、优秀的企业家，大多具备这种特质。

此外，乐观者也比较容易克服困难，因为他会积极寻找新的解决方法，在很短的时间内就把不利的条件转变成有利的条件。悲观者则会在看到困难时容易心生畏惧、退缩不前。其实在很多情况下，只需要一点想象力，情况就会完全改观。调和好乐观与悲观的比例，让两者适度。而在生活中要避免成为悲观主义者，做个积极向上的人。

4.1.2 情绪管理的原则

人生在世，会给世界带来更多的美，也会创造幸福。如果生活中没有了目标，那就学会造福，带给别人快乐，也会成为自身的一种幸福，相信造福是快乐的起点，助人为快乐之本，把美好带给身边的亲人、爱人、朋友，还可能会有我们不认识的人都因我们而得到快乐。

旅者到达陌生的城市，走出车站，车站外没有亲人，没有朋友，也没有任何人可以给他做向导，这个城市对于旅者来说，是一个全新的、旅者毫无所知的异域。旅者随着出站的行人漫无目的地行走在城市的路上，同行的人渐行渐远，旅者渐渐地落在行人的后边。同行者渐行渐少，旅者的步频渐行渐低，步子也渐行渐小，旅者每走一步，脚下愈是迟疑。担心多走一步目标便会从自己的眼前跃过，从自己的身边错过，但是旅者却不知道自己所搜寻的目标到底是什么，不清楚自己所要前行的方向到底是哪边。

大多数人或许都有过旅者的经历。上班的时候，径自向上班的公司走去，步频急促，步伐稳健而有力。下班的时候，瞅着家里的灯火，循着一个窗口的炊烟，还有一个依稀熟悉的忙碌的身影，虽然身体劳累，步伐依然很稳健，与旅者不同，因为他有一个方向。目标与前行、旅者与众人、旅行与人生，有目标，前行的步子就会更大，前行的步频也会更快，步伐也会更加有力。有时候经常思忖，人的一生又何尝不是如旅者般在异域前行。前行与目标，哪怕只是一个小小的目标，前进的步伐也会稳健，即使只是微微地一小步，酸甜苦辣都有营养，成功失败都有收获。成功只是辉煌一段时间，失败也不过是低潮一个节点，生活和生命都不会因此而停止，都会以已有成败为垫肩，昂扬新的势头，奔赴新的希望。

年轮在一天天转动，岁月鞭策着人们不断前行。可我们每个人都会遇到这样那样的挫折坎坷。大部分人都不希望自己的人生路上布满荆棘，可人生不如意十之八九。没有人能不经历失败，可就在这些失败面前，有的人退缩了，有的人成长了。

人活世上，可以变换不同的角色，也相应承担着不同的责任。上对国家社会，下对亲人朋友同事，都承担着不同的责任。不过，我们最根本的责任是要对自己的人生负责。冀望成功，追求幸福，是人生的理想。但人生在世比成功幸福更重要的是做人，是不论成功与失败，幸福与不幸都要保持做人的尊严。生命每个人都只有一次，自己人生的责任，没有任何人可以替而代之。人世间社会关系繁复，各种责任在特定情形下，是可以转让、替代、分担的，唯有自己人生的责任，每个人都必须而且只能完全由自己来承担。一个人如果虚度了人生，没有任何人可以取而代之重新再来一次，因此，我们对自己的人生要有强烈的责任感。

有人每每遇到失败，总是怨天尤人，抱怨不公，认为自己的失败是外因所导致的。

在现实社会生活中，人们往往会有得与失的考虑。世界观、人生观、价值观不同，理解和追求也不同。前人的失，才有今人的得；今人的失，才有后人的得。“饮水不忘掘井人”，讲的是前代奉献，惠及当代，我们应该怀有感恩之心。“前人栽树，后人乘凉”，讲的是今天奉献，泽被子孙，我们应该有这样的胸襟。人是生活在现实和理想、物质和精神这样两个境界之中的。对得与失，要看物质方面，也要看精神方面。精神充实、诚恳待人、认真工作，奉献社会是得；精神空虚、荒废时光，徒有虚名、无益社会是失。从辩证唯物主义的观点看，有得便有失，有失便有得。乐于多失，甘愿少得，得亦不喜，失亦不忧，这是积极的人生态度。得到了不知感恩，得不到怨天尤人，这是人性的弱点，有则要改之。

其实很多人遇到的失败挫折都是自身引起的，自己的意志、品格等等，都可能是我们失败的主观因素。失败纵然是由主客观因素相结合导致的，可自身的原因才是最大的。遇到失败，不要回避自我原因，常醒自身之过，坦然面对，再接再厉，不让同样的错误再次发生。

成功是示范本，失败是教科书。其实，成功和失败只是结果，过程都不易，都需要艰辛的付出。追求成功，需要科学的态度，科学的精神，客观、合理的而不是好高骛远的设计目标；尊重和遵循科学的规律，循序渐进，依律而为，不蛮干乱干；需要科学的坚持，脚踏实地、持之以恒，顽强拼搏，迎难而上，毅然决然，决战决胜。承接失败，迎败而上，需要更大的勇气和胸襟，更需要借助科学的力量，科学分析、科学诊断、科学消化、科学决策，以更审慎的态度、更精准的策略、更顽强的毅力、更高快的效率，坚定不移地向成功迈进。成功和失败常常是一对孪生兄弟，相伴相生。人生总是在成功和失败之间荡秋千，成功的道路从来也非一马平川。因此，只要我们付出了，奋斗过，最终成功固然可喜，可失败了又何必逃避，何必太在意。

有些遇到挫折的人往往自怨自艾，我们要学会分析失败原因，吸取教训，总结提高。不断完善自我，为自己不在同一个地方跌倒而努力。有时，挫折也是一种激励，为我们朝着目标继续前行提供动力。“人非圣贤，孰能无过”，改变了、提高了就是一种成功、一种升华。让时间冲蚀记忆里的伤痕，让成功证实自我价值。

4.2 管理情绪的方法与手段

4.2.1 以目标为导向——做情绪管理舵手

一个人的情商不是天生固定不变的，而是会在人生过程中不断学习提高的，是根据需要在工作生活中总结已有经验教训，提高自己对社会、对人际交往等的认知，由此，良性处理社会中的各种问题。良好的心态和自信在日常生活中积累，也是世界观、人生观、价值观的展现。定好目标、瞄准目标、奔向目标，以目标为导向，对情绪的管理会有一定的督导和引领作用。

自信的原理。一位著名的成功学家指出：人与人之间只有很小的差异，但这种很小的差异却往往造成巨大的差异。很小的差异就是所具备的心态是积极的还是消极的，巨大的差异就是成功与失败。成功者找方法，失败者找理由，心态决定一切。任何一种事物，我们怀着不同的心态去看待，就会有不同的看法：成功者总是看到困难后面的机遇，失败者总是看到机遇后面的困难。可以这样说，责任背后是机会，机会背后是责任，也可以说：心态正确，一通百通，心态不对，一事无成。如何培养积极的心态，成功大师为我们提供了九种方式：

言行举止效仿你希望成为的人，以此为目标，逐渐塑造自己。要心怀必胜的积极想法，要想收获成功的人生，就要做勤劳的农民，不能仅仅撒下几颗乐观的种子，然后指望不劳而获，而是必须不断地给这些种子浇水施肥，努力培育。

用美好的感觉、信心与目标去影响别人。让你遇到的每一个人都感到自己重要，你怎样对待别人，别人也就会怎样对待你，互相尊重会形成良好的氛围。也就是说，成就别人的同时，也会成就自己。一个自私自利的人，不可能有真正的知己和朋友，为他人着想，从他人角度考虑问题、解决问题，才能收获美好。一个自身带有朝气、正能量的人，一个认识到自己与周围人同样重要、同是雄鹰的人，会运用高质量情商融洽彼此关系，创造更好的未来。周围都是宝藏，自己就是聚宝盆，自己有光辉，周围也会通亮。

学会称赞别人。赞美具有无穷的力量，邱吉尔曾说过这样的一句话：你希望别人具有怎样的优点，你就怎样去赞美他。大多数人会在被赞美的方面更加努力，因为被人欣赏是人的精神需求。

学会微笑。面对微笑的人，会感到自信和友好，微笑能为我们打开友谊的大门，帮助我们建立良好的人际关系。

心存感激。有积极心态的人常怀感激之心，而消极的人则总是会不停抱怨。感激生活，感激朋友，生活会更加美好。

努力寻找最佳的新观念。有积极心态的人特别注意寻找最佳的新观念。找到好的观念和创意，靠的不是能力，而是取决于态度。

放弃琐碎的小事。琐碎的小事容易使人偏离重要的目标，不要因为小事而影响自己，也不要为琐碎的小事而发怒，做心胸宽广之人。

培养奉献的精神。一个具有积极心态的人是乐于奉献的。

培养乐观与自信精神，使梦想变成现实。每个人首先要认真思考这一生要做个什么样的人，怎样做才不至于到年老时后悔。所以我们必须要具备成年人的心态。何为成年人的心态？就是独立而不依赖，能够自省、自律，为自己的言行负责，为自己的举止负责，不推诿、不抱怨、不逃避，追求自己的成长和发展。相对的儿童心态的现象则是：对自己、对工作不能担负责任，凡事依赖或者特别在意别人的看法，遇到挫折和麻烦容易退缩，犯了错误常找各种借口应付别人、欺骗自己等。终归结果，这样心态的人，在严峻的社会竞争中会碰得头破血流。企业不赏识这样的员工，团队不期待这样的成员，甚至鲜少有人会愿意和这样的“成年儿童”交朋友。所以我们成年人必须成长，而且要真正意义上的成长。在一个培训机构内部为了保证企业正面无障碍沟通和企业健康阳光地运行，开展了管理成员之间面对面的“扒皮会”，当面的、当众的，让人感觉有被“扒了一层皮”那样的批评指正会。这样做的宗旨是为了让所有成员对企业的核心价值观和经营理念不断地了解和思考，也为了让每一位成员自身得到成长和完善。

再讲一个大家都认识的体育明星姚明的故事。2002 年，姚明被 NBA 选中，成为篮球界为数不多的幸运儿。应该说当时的姚明已经跻身世界一流篮球队员的行列，但是对姚明来说，这绝不是一个终点，而是一个起点。姚明到美国报到时，他刚刚错过了球队训练营的进攻和防卫，错过了新球员规定的适应性训练，而且他必须面对全然不同的语言文化，全然不同的生活环境和生活方式，全然不同的球技和打法。姚明在美国的第一次出赛表现十分不佳。

在压力之下，姚明说：“我没有任何退路，只有向前冲!”一系列高强度的体能训练，艰苦的语言学习，尤其是要迅速掌握球队的暗语体系，快速融入火箭队，适应火箭队的快速打法。姚明最终向美国人证明了他的意志和实力，成为了超级明星和顶级中锋。姚明以自己的努力，向世界展示了他向职业高手迈进的艰辛并辉煌的历程。

美国人称姚明为在困难面前决不低头的勇敢的挑战者。姚明辉煌成就的背后，付出了许多艰辛。在人生的道路上，是全力应付还是全力以赴，不是每一次的付出都会有收获，但每一次的收获都必须要有付出。用爱心做事，用感恩的心做人，积极的心态源自感恩，负责任的背后还是感恩，帮助别人，成就自己。

人让自己开心会变得很自信坚强。很多事抱怨也没用，现实已经发生的事终究无法改变，但可以改变心态，尽心尽力付出过，便无愧。多做一些有意义快乐的事情让自己变得更加坚强乐观，不要为了不值得的事情抱怨，努力过对自己而言就是一种提高。生活就像一面镜子，你对它笑它会对你笑，你对它哭它也对你哭。坚强乐观的去面对生活，将会有所收获。付出就有收获，不要计较多少，重要的是经历的过程，只要每天都有一点点进步，便会越来越接近成功，一步一个脚印，总会有目标达成的那天。

建立自信的实际行动。征服畏惧，战胜自卑，不能止于幻想，而必须付诸实践，见于行动。建立自信最快、最有效的方法，就是去做自己之前并不擅长的事，直到获得成功。具体方法如下：

在课堂上，很多时候后面的座位总是先被人坐满，大部分占据后排座位的人，都希望自己不会“太显眼”。而他们中一些人怕受人关注的原因是缺乏信心。坐在前面能帮助建立信心。敢为人先，敢上人前，敢于将自己置于众目睽睽之下，要有足够的勇气和胆量，久之，这种行为慢慢成了习惯，人也就潜移默化变得自信。另外，坐在显眼的位置，就会放大自己在老师视野中的比例，增加出现的频率，起到强化自己的作用。从现在开始就尽量往前坐试试看，虽然坐前面会比较显眼，但要记住，有关成功大都是显眼的。

眼睛是心灵的窗口，一个人的眼神可以折射出性格，透露情感，传递信息。正视别人，是积极心态的反映，是自信的象征，更是个人魅力的展示。

昂首挺胸，快步行走。许多心理学家认为，人们行走的姿势、步伐与其心理状态有一定关系。懒散的走姿、缓慢的步伐大多是情绪低落的表现，是自己情绪的反映。倘若仔细观察就会发现，身体的一些动作是心灵活动的结果。反过来，通过改变行走的姿势与速度，有助于心境的调整。要表现超凡的信心，走起路来应比一般人快。将走路速度加快，就仿佛宣告：“我要到一个重要的地方，去做很重要的事情。”步伐轻快敏捷，身姿昂首挺胸，会给人带来明朗的心境，会使自卑逃遁，自信滋生。

做情绪管理舵手，首先要有好心态，认可自己，明白人无完人，金无足赤，每个人都有各自的优点，学会欣赏自己。

其次，要为自己制定切合实际的目标。不能强制的要求自己做超出自身能力范围太多的事情。目标是一个人前行的灯塔，不断照耀未来的路，并指引着前行的航向，但目标不是越大越远越好，而是要与自己的能力相匹配，是自己经过努力能够达到的，如果太遥远，不切实际，还会丧失信心，容易放弃或半途而废。

再次，无论遇到再大的挫折和困难，不要颓废。顽强的应对，从中吸取经验教训，变成以后的动力。人生中遇到困难是不可避免的，不可能都是一帆风顺，所以，正视困难，笑对人生才是正举。

最后，不与他人攀比，走自己的路。生活不会一帆风顺，现实改变不了，就通过改变自己去适应现实。别人能达到的不一定适合自己，适合自己的，自己一定要努力，不能这山望着那山高。与比自己的强的人比，容易失去信心，与比自己弱的人比，容易高估自己，都是不贴合实际的，都易偏离正确方向。

4.2.2 乐观——充满自信的情绪管理良药

乐观是心胸豁达的表现，乐观是生理健康的展露，乐观是人际交往的基础，乐观是工作顺利的保证，乐观是避免挫折的法宝。风铃的浪漫，往往勾起人们对美好生活的向往；驼铃的深沉，往往激起人们对锦绣前程的憧憬；人的乐观心态，使人心理状态永远年轻。当人朝着奋斗的目标迈进时，会增加愉悦与自信。自然形成乐观的心态，快乐将永远相伴。

乐观是情绪的良药——懂得欣赏。欣赏是人生的一大乐趣。一个不懂得欣赏的人，其生活的宽度和广度也极其有限，无从领略人生中多姿多彩的韵味和情调。欣赏是一种沟通与理解，一种信赖；是一种包含了信任与肯定的理解的沟通，也是一种激励和引导，不但可以使人扬长避短，而且可以使其更加健康地成长和进步。懂得欣赏的人，不但具备沉稳洒脱、严于律己的修养，而且具有容得他人才华和长处的胸襟与从容情怀。他们善于发现人生旅途中的美丽和情韵，以博大广泛、独到的视角去思考生存与人生幸福的意义，使自己的人生进入一个更高的境界。

每一个生活在社会中的人，都渴望得到别人的欣赏。同样，每一个人也应该学会欣赏别人。一般来说，人人都有欣赏的眼光，但欣赏物容易，欣赏人较难；欣赏远离自己的人易，欣赏近处的人难。不知便无欣赏，对什么都不感兴趣，也无欣赏可言。正如《处世的智慧》作者所说："山外青山楼外楼，没有一个人总是样样技不如人，人都有棋高一招的时候。学会欣赏每个人，对你非常有用。智者尊重每一个人，因为他知道人各有其长，也明白成事不易，愚人则鄙视他人，一半出于无知，一半自甘落后。"

身处任何一种情况下，都应用积极的心态去面对，用内心去感受、欣赏别人，这不仅让他人得到鼓励，更让自身的品质得到提高。看同一棵树，有人看到了绿叶，有人看到了毛毛虫。法国著名雕塑大师罗丹说："生活中不是没有美，而是缺少发现美的眼睛。"欣赏别人的同时也是在不断地完善自己，学会欣赏、懂得如何欣赏是人生的一大乐趣。善于欣赏，善于发现别人的美之人，往往心中充满阳光，能感受到世界的美好和生活的快乐。

能够被人欣赏是一种幸福，对于欣赏者本身也是一种快乐。能够欣赏别人，能给人以抚慰、鞭策，不但可以培养自己的道德情操和海纳百川之胸怀，同时也是在给自己前进的道路奠定基础。正如一位西班牙学者所说：

“智者尊重每个人，因为他知道人各有所长，也明白成事不易。学会欣赏每个人会让你受益无穷。”由于人们生活环境以及成长经历的不同，看待和处理问题的角度与方法都不尽相同，如果能够多用欣赏的眼光去看人看事，就会给自己的生活增添一份幸福。

真诚地去欣赏和喜欢他人。生存在这个五彩斑斓的世界中，不只有美丽的风景，还有不同个性、不同人格魅力的人。一个人总能在某一方面胜过别人，但在另一方面也总会有人比他强。所谓“山外有山，天外有天”就是这个道理。漫漫的人生旅途中，我们会遇到、结识很多有着不同品味与个性的人，无论何时，学会用欣赏的眼光去看待周围的人，用一种平常心态去欣赏周围的人，犹如欣赏一幅画，我们会很快乐，也会很坦然。

一天，皮尔博士在大街上行走，不经意间看见一辆车的后窗上贴着这样的标语：“我认识的人越多，就越爱我的狗。”读过后，他不禁感叹，是什么样的际遇能让此人对别人信心全无呢？世间有真诚也有奸诈，就像有白天也有黑夜一样。活在人世中，如果处处看人不顺眼，日子将多么难过。假如因为曾经有过负面经验便对人性普遍失望，不是与自己过不去吗？天气的阴晴我们无法控制，然而心灵的阴晴我们却可自由掌握。如果把车窗上的标语改成“认识的人越多，便越觉得世界更可爱”不是温馨很多！

不妨每日清晨醒来为自己灌输愉悦的思想：“今天是美好的一天，今天是值得感恩的一天，今天是充满计划的一天，今天是积极创造的一天，今天是充满信心的一天，我喜欢今天！”

有人曾专门对善于欣赏的人进行测试，结果发现：他们体内各系统的功能处于平衡和协调状态，呼吸、心跳、血压等指标均很稳定。这表明欣赏确实是一种对健康有益的活动。处于欣赏之中的人们，不但可以消除疲劳，使体力和脑力得到恢复，而且在不知不觉之中让心灵也得到了净化。那么，我们欣赏的对象都有哪些呢？

人与人的欣赏。善于欣赏他人的人也定能得到别人的欣赏。每个人都有自己独特的地方，欣赏他人，就是发现他人的优点，并加以表扬，他人会产生愉悦感，那么，自己也会得到快乐感。

社会中的欣赏。社会中的美无处不在。如：文艺演出、体育竞赛，以及各种画展、书法展、灯会、花卉，各种服装展销、工艺品展销、新式家具展销、服装模特表演等等。即便是刚竣工的大厦、新完成的艺术塑像、绿树成荫的街心花园，甚至包括那些琳琅满目、五光十色的商品橱窗，从欣赏的角度看，都会给人以美感，都堪称“艺术品”。

大自然是美的摇篮。大到祖国的壮丽山河、浩瀚大海、秀丽风光，小到自然中的风花雪月、花鸟虫鱼，都可以令人领略到纯真、质朴的自然美，这是其他东西所不能替代的。当人们在欣赏大自然的美景奇观时，由于整个身心沉浸在大自然的怀抱之中，充分享受到阳光和新鲜空气的沐浴，对人体的健康极为有益。无论何时何地，我们身边都不乏值得流连、值得欣赏的美景。然而，令人遗憾的是，会有一些人们对身边的美景漠然视之，而是将目光投向远方去寻觅快乐。一位哲人说：“也许我们四处寻觅的良驹，到头来竟是胯下的这匹坐骑。”我们何不放慢自己匆匆的脚步，用一种超脱的心境来看待生活中每一个细小而平凡的片段，欣赏身边的良辰美景，尽情品味生活的快乐温馨。唯其如此，我们才能在人世间的琐屑与喧嚣中，把握人生的真谛，让疲惫的心灵找到停泊的港湾。

乐观是情绪的良药——宽容他人其实就是宽容自己。美国伊利诺伊州大学的心理学家克里斯托弗·皮特森认为：“宽恕与快乐紧紧相连，宽恕是所有美德之中的王后，也是最难拥有的。”

一位已婚女人曾这样说：“我不够宽容，我有点小气，常会为老公的一点脸色而心烦、郁闷，甚至不甘平淡，总想搞出点什么，但是闹过吵过，却搞得自己伤痕累累，伤了对方也伤了自己。其实生活本质就是平淡，也许年轻时我可以任性，可以耍脾气，但是现在却不容许，开始学会宽容，开始学会理解，发现原来下雨也可以有个好心情。”

一位哲人说：“天空收容每一片云彩，不论其美丑，故天空广阔无比；高山收容每一块岩石，不论其大小，故高山雄伟壮观；大海收容每一朵浪花，不论其清浊，故大海浩瀚无比。”人的一生充满了风风雨雨，烦恼、困惑在所难免。要想在人生中活得潇洒、从容，就必须掌握宽容的艺术。宽容，是一种品质，令人钦佩敬仰；宽容，是一种境界，让人心驰神往。宽容是一种修养，是千百次忍耐而完成的一次修炼。智慧的人，能够原谅生活，是为了更好地生活。人生最不幸的事，可能就是背着心灵的包袱走路了，凡事想不开，变得“心胸狭窄”。

因此，古往今来，大凡有所作为的人都倡导宽容，奉行宽容。众所周知，春秋战国时期的蔺相如就是一个豁达宽容之人。他因为“完璧归赵”有功而被封为上卿，位在廉颇之上。廉颇听后很生气，扬言要当面羞辱他。蔺相如听闻此事，凡事尽量回避，宽容廉颇，不与其发生冲突。蔺相如的手下以为他畏惧廉颇，然而他却说："秦国不敢侵略我们赵国，是因为有我和廉将军。我对廉将军退让、宽容，是将国家安危放前，把个人的私怨置后啊！"这话被廉颇听到，就有了廉颇"负荆请罪"的故事。

当别人不经意冲撞了我们，我们的内心会不安，这时，如果我们以宽容之心对待，不仅可以化冲突为祥和，化干戈为玉帛，也可以赢得别人的感激和拥戴。

文学家说："宽恕为美，淡忘为佳。"

思想家说："错误在所难免，宽恕就是神圣。"

哲学家说："不宽容者在生气，往往是拿别人的错误来惩罚自己。"

心理学家说："被人亏待自然会发怒，但如果怒气不化解则会积成怨恨。如果任凭怨恨滋长，就等于把毒素注入自己的身体。所以说一个人要想健康，首先就要学会宽容。"

马路上，司机们为了争道而吵；公交车上，乘客因为拥挤而争吵；交际上，受到别人的顶撞，被亲人错怪，令同事误解，讹传导致的轻信，流言制造的是非……这个世界上没有完人，谁都会有小问题，谁都会做错事，所以不可避免地会发生一些磕磕碰碰，滋生一些恩恩怨怨，要以宽容之心待人。

面对别人的排挤甚至伤害以牙还牙，采取报复手段是不理智的，怨会越结越深，仇会越积越多，而且自己也会心生怨懑，甚至会陷入深深的怨恨之中不能自拔，看不到明媚的阳光，找不到快乐的天地，自己也将在痛苦、怨恨中受折磨。有时，对别人的宽容会被认为是软弱的象征，但是，如果不宽容别人，我们很难真正忘记那些痛苦的回忆。时光不可能倒流，事情已经结束，新生活不会因为这件事而就此停滞，最好忘记它，原谅那些过错。人非圣贤，孰能无过？因此，我们何不宽恕别人所犯的错误呢？选择宽恕的话，就能将自己从痛苦、怨恨中解脱出来，重获轻松与快乐。宽容别人，不仅能反映宽大胸怀和雍容大度，也能将敌意化解为友谊，更能让我们心里的怨恨与不悦随风而逝。

正如阿萨吉奥利所说："如果没有宽恕之心，生命就会被无休止的仇恨和报复所支配。人将处于无道德之中。"宽恕了别人，就等于解脱了自己。

为什么不呢？

乐观是情绪的良药——保持微笑。英国诗人雪莱说：“微笑，实在是仁爱的象征，快乐的源泉，亲近别人的媒介。有了笑，人类的感情就沟通了”这话一点也不夸张，微笑的确具有如此神奇的魔力！

当爱丽丝打开门时，突然发现男人手持一把锋利的刀，正恶狠狠地盯着自己，“你是推销菜刀的吧？你可真会开玩笑呀！朋友，我喜欢，我决定买你一把刀。”爱丽丝眨动着她那忽闪忽闪的机灵的大眼睛微笑着说。一边说着还一边让男人进屋，“我过去有一位好心的邻居长得很像你，我很高兴能够认识你，不知道你想喝咖啡还是茶……”爱丽丝说道。凶神恶煞、一脸杀气的歹徒逐渐变得十分腼腆。“谢谢，谢谢！”他尴尬地说道。故事的最后，可爱的爱丽丝买下了那把明晃晃的刀。男人接过钱，迟疑了片刻，最后他转身离去。在走到门口的时候，他回过头来对爱丽丝说：“小姐，你将改变我的一生！”

微笑，它就是如此地神奇，它能改变一个人的一生。它包含着一种丰富的内涵，这种内涵有着一种能够激发想象和启迪智慧的力量。

微笑还有利于促进个人的身心健康，因为它可以克服郁郁寡欢、空虚紧张、萎靡不振等不良情绪。因为“笑口常开”的人，往往会给自己正向的心理暗示，并产生积极的反馈，使自己活得开心快乐。

一个发自内心的微笑，能够让人有个放松的心理状态与健康的身体，还能够有效地缩短人与人之间的情感距离，从而有利于形成融洽的交往氛围。有许多专业推销员，每天清早漱洗时，总要花两三分钟时间，面对镜子训练自己的微笑，甚至将之视为每天的例行工作。

或许有人会说：“生活中的烦心事真是不少，工作的压力、岗位的竞争、职位的高低，还怎么能笑得出来呢？”生活中确有许多不尽如人意的事情会发生，而且有时还会接连不断，甚至超乎想象，但大可不必把所有的事都放在心上，不要背负着自己的苦，再背上他人的苦，而要调整好自己的心态，多想想事情阳光的一面，多想点高兴的事，让自己笑起来。人生无论以什么姿态呈现在我们面前，我们都应该微笑以对。

比如，可以多想一些诸如此类的高兴事：今天我的上司表扬了我；昨天我生日，朋友送了我一瓶香水；这段时间，我又看了几本喜欢的书……想着这些事，自然而然会发出会心的微笑，而这种自然的笑容更能展现一个人的魅力，令人倾心。

国外曾有一句处世格言：“一个人的微笑价值百万美元。”这足以说明一张笑脸对人际交往、对个人事业来说有多么重要。

与其以悲观的态度去面对生活，不如活出自己的本色，勇敢地面对它。生活并不需要我们悲观地面对它，只不过是在生活的过程当中会有各种成分，如果生活只有一种味道，我想那不是生活。就像是面粉，它可以制成馒头，也能做成面条，也可以制成面包，还可以做成精美的点心，它是被需要的，它存在着，就有其自身的价值。生活中让我们感觉到痛苦的往往并不是别人，恰恰是我们自己。

可无论是哪一种形式，我们都在经历，我们都在体验，我们是幸福的。一百年前伟大的俄国诗人普希金对我们的忠告：

“假如生活欺骗了你，
不要悲伤，不要心急！
忧郁的日子里须要镇静：
相信吧，快乐的日子将会来临。
心儿永远向往着未来；
现在却常是忧郁：
一切都是瞬息，一切都将会过去；
而那过去了的，就会成为亲切的怀恋。”

4.2.3 换位思考——乐观向上的情绪助推器

“换位思考”的学问。儿女在外工作的老人常常感叹：缺少儿女绕膝的“天伦之乐”；儿女常在身边的老人则抱怨：“好男儿志在四方”，娃娃们守在窝边边觅食吃，能有啥出息？

穷人抱怨：受苦受累、粗衣淡饭、少钱缺米；有钱人却嫌社会治安不好，怕别人算计、恶徒绑架、小偷暗袭……更有甚者，竟在自己的宅边围上铁丝网，足不出户，夜不安枕，惶惶乎不可终日。

老年人羡慕年轻人“精力充沛，前途无量，花样的年华，花样的前程”，抱怨自己精力不济；而青年人却常抱怨：工作、学业、家庭诸事困扰，流汗拼搏，鲜有成就，不如退休的老干部工资高、待遇好。

有这样一个故事：一天，有个人买了一双新鞋，到了半路上，他一看，新鞋不知什么时候弄丢了一只。这可如何是好呀？他心中十分懊恼，正闷闷不乐地慢慢走着，蓦然，飘来一阵欢乐的歌声。他抬头一看，只见迎面走来一位拄着双拐的残疾人，一只裤管空荡荡的，另一只腿却仍然坚定有力地靠着双拐前行着。他仔细思考：人家失去了一条腿，还能欢乐地唱着歌，我只不过弄丢了一只鞋，为什么要这么忧愁呢。于是，他也高高兴兴地唱起歌来。

通俗的故事说明了一个深刻的道理："换位思考"欢愉多！

前面讲到几种处境，若大家都能"换位思考"，珍惜各自的幸福，那么，抱怨之声就会变成快乐的歌声了。世间的人和事，不可能十全十美，人生在世，不过百年，愁也一天、乐也一天，而快乐、欢愉、笑声还是祛除百病的良药，益寿延年的秘诀。鉴于此，劝君常常换位思考，如同手擎一朵溢香的玫瑰，多看花、少看刺，珍惜各自的"优势"，欢愉自然"上心头"了。

换种想法立刻拥有快乐职业生涯。大学生或一些刚步入社会的大学毕业生往往会遇到一些职场常态，但由于思虑过多，常会带来相反的结果。不如一开始就换种想法。

碰到艰巨任务，立马便想退缩；一心苦干，就盼着老板委以重任……这样的情形，在工作中也许都曾碰到过，烦躁不安、抵触情绪完全解决不了问题，击碎障碍的关键在于我们自己，现在就让思路转个弯吧，成功就在不远处招手呢。

"这个任务我恐怕无法完成。"接了老板布置的一项艰巨任务，苦思冥想了几天可还是毫无头绪，眼见着最后期限将至，脑子里不由冒出一个悲观的念头："这个任务我恐怕无法完成。"

这种想法其实很司空见惯，如果是同事要我们帮忙，我们说自己没办法，也就作罢，若是老板安排的差事，那恐怕以后老板很难再委派任务来了。悲观的想法不会对事情的进程有任何帮助，相反却令我们紧张不安，缺乏自信，于是也就难以挖掘出自己的潜力了。

不如换一种想法："这可是一个展现自己能力、挖掘自己潜力的好机会。既然老板信任我，要向大家证明他没有看错人！遇到困难怕什么，好好想想办法总能解决的。"

有了决心，才会真正让心沉静，努力思考解决之道，一搏之下，即使不幸"阵亡"，却也多了份难得的经验，何乐不为？

老板有自己的工作，他（她）不可能对每位员工所做的工作都一清二楚，所以吃苦耐劳的老黄牛精神固然重要，但只顾着在自己的小格子里蒙头苦干并非明智之举。不如换一种想法："这个事老板得知道，去问问他怎么看待这个项目的发展进程吧!"

都知道"酒香不怕巷子深"的想法放在如今的职场不是处处行得通的，那还不快行动起来，定期向老板汇报或请教，都是让老板看到我们"苦干"的好方法。

"要找我帮忙的人，一定会主动来找我。"无论从事什么工作，主动和热情都是必需的。也许大家都觉得要在老板面前表现出自己对本职工作的积极性，却往往忽略了这份主动和热情也该播散到同事们的身上。在协同工作越来越重要的现在，主动为同事提供力所能及的帮助，在我们需要他们的时候，他们也会同样施予援手。

不如换一种想法："自己的事情做好了，还有半小时下班。时间空着也是空着，还是干点有意义的事，去问问能帮同事做些什么吧。"

心中充满要帮助他人的热忱，不但能促进自己精神振奋，还会鼓舞其他人工作，这便是热忱的感染力。

"真是个吹毛求疵的家伙。"自己满怀信心地在部门会议上给老板汇报工作，却有人三番两次提出质疑，再看看老板的脸色，似乎还挺赞同对方的看法……换一种想法："比起那些什么都不愿意告诉我的人，此人是真的在为我提建议，或许我该接受对方的意见，开阔思路，毕竟得益的还是自己。"其实，办公室有这些"热心人"未必是坏事，心平气和客观地想想，对方说的究竟有没有道理，好的建议要采纳。

"不用紧张，我不干自然有其他人会干。"在团队中懈怠偷懒、不愿承担责任，甚至推卸责任的人，他们最终可能影响整个团队的工作进程。短期内工作也许会由其他的成员帮忙承担，毕竟团队成绩来得更重要，可久而久之同事也渐渐失去信心，懈怠的人渐渐成为团队中可有可无的人，迎接此人的估计就是不被看重了。

不如换一种想法："工作有压力是正常的，逃避可不是好办法。有同事帮忙固然好，但主要还是得靠自己努力，做好自己该做的事情。"

干好分内事，不懒散懈怠也是具有责任心的主要表现，若想成就一番事业，这点当然不能少。

4.3 情绪转换

4.3.1 发散思维的情绪转换方式

一个成熟的人应该掌握自己快乐的钥匙，他不过多的期待别人使他快乐，反而能将快乐与幸福带给别人。每个人心中都有一把快乐的钥匙，但我们却常在不知不觉中把它交给别人掌管。

快乐测量。人一快乐，就会畅旺起来，更具有创意和生产力，更能广结善缘，活得更健康，甚至比惯于自怨自艾者更长命百岁。

快乐是可以测量的，也是可以创造的，尽管有人不这么认为，我们最简单的创造快乐的方式，就是让自己舒心愉悦，比如，把冬天的衣服洗好放进大衣柜之前，向衣服口袋里放进一些钱，等再穿的时候就会有惊喜从而感到快乐。

多做快乐事，少用想象。我们宅在家里的时候，就要在独处中找寻让自己快乐的方式，比如，可以放声歌唱，可以收拾房间以愉悦心情；如果感觉孤独，可以下楼出去晒太阳，呼吸新鲜空气，可以与人交流，可以到广场娱乐等。

面带微笑回忆旧事。这总比绷着脸面无表情的人能回忆起更多的康乐片段。每当我们微笑，神经和肌肉就送出信息，开启脑内的康乐中枢。微笑不仅能让身心愉悦，同时也是一种美，微笑对人会让人心情舒畅，微笑对事，会让事迎刃而解，微笑对天、微笑对地、微笑对任何与自己有关的人和事，都会产生愉快的效果。

储蓄积累做过的每件有益社会之事。想一想自己做过的每一件有用之事，然后把它们串起来。这个简单的做法会让我们感觉自己在社会生活中有价值，感知自己是一个对社会有价值的人，会有快乐之感，能继续快乐下去。

寻找自己的艺术天禀。一个人不管有没有艺术细胞，都会有用艺术形式来表达的情绪，有人高兴时会哼一段小曲，此时唱的好与坏不能用艺术体系来衡量，而是由情绪来表征，是情绪高昂的代名词。在我们的生活中，一定有自己喜欢的表达愉悦的方式，用我们自己最喜欢的方式表达出来，是创造快乐的最佳仪器。

宣泄情感，控制脾气。传统以矜持、含蓄为美德。但在如今的时代，出现了拐弯抹角、言不由衷、瞻前顾后、当面不说背后讲这些坏习惯，直截了当的沟通显然更为重要。有一位老板和他的下属吵架，他考虑是不是该请第三者调解？建议是：因为这是情感的事情，他应该自己去和下属沟通。

当然，在情感问题上，直接沟通也需要技巧。例如，那位老板如果第一句话就对下属说："你错了。"那么无疑这并不有利于解决问题。显然，当直接沟通时，不要先论对错，不要猜测别人的动机。最有效的沟通就是直接谈到感情，比如那位老板可以说："当你在那么多人面前与我争执时，我感到非常为难。"这样一句话先做铺垫，更有利于后续提到问题，解决问题。

当怒火中烧时，想要把感性转变成理性并不容易。要做到这一点，我们需要依靠"自觉"和"自控"。自觉不只是认知识自己的能力，更是认识自己的感情。自觉的人知道自己何时会喜怒哀乐，也理解喜怒哀乐的宣泄会造成何种后果。如果感到气愤，他不会瞬间爆炸，因为他知道后果，但他也不会压抑自己的感情，因为那会对心灵造成很大的伤害，他通常会尽量自控地用最有建设性的方式处理。正面、感性的沟通可以改善气氛。感情和沟通都是有感染性的，我们可以用有建设性的、宽容的态度来与他人沟通并影响他人。

自控是内心的自我对话，可以提醒自己不要落入恶劣态度的陷阱。除了上述的理智分析外，深呼吸是最快、最简单的情绪调节方法，常说"心浮气躁""心神不宁""心乱如麻""心焦如焚"，指的都是心情紊乱和情绪及精神状态的关系，而"气定神闲""心安理得"最方便的做法就是深呼吸，也就是借由调气调息，把气调顺了，比较能摆脱情绪的牵扯，回到理性思考。美国对有暴力行为的加害人，都会施以团体教育，而教导他们认清暴力的毁灭性，学习控制自己的冲动，也就是懂得"叫停"或"离开现场"，以保护自己和对方的安全，避免铸成大错。

如果认为自控不容易，那么，可以请我们的知心好友随时提醒我们。一个老板常常一生气就一发不可收拾，而且他生气都有前兆：他会先问刁钻的问题，然后他开始颤抖，最后他才发脾气。但他想改掉这个毛病，于是他要求大家在每次发现前兆时，用一句"密语"（如"让我们言归正传吧"）来提醒他。几次"密语"提醒之后，他就有了自觉和自控的能力，再也不需要别人提醒了。

分享快乐加倍，分担痛苦减半。科学研究告诉我们，调节自己心情最好的方法就是找到知心人倾诉和沟通。科学根据是，感情源于人脑的lymbic系统，而该系统主要靠与他人的接触调节。科学证明，在一起交谈的两个人会慢慢达到同样的心理状态（喜怒哀乐）和生理状态（体温、心跳等）。因此，若想达到感情的平衡，我们必须懂得依靠别人。与人沟通是提升情商和快乐的有效方法。与世隔绝的人只会越来越苦闷。西方有一古谚："有人分享快乐加倍，有人分担痛苦减半。"所以，如果我们情绪不好，或受了委屈时，应多向父母、朋友倾诉。

要得到快乐，需要幽默、乐观的想法和沟通。在所有的沟通中，"笑"的感染力是最大的。耶鲁大学的研究发现，"笑"的感染力超过了所有其他感情，人们总会反射性地以微笑来回报微笑，而开怀大笑更能迅速创造轻松的气氛，此外，幽默以及笑也能促进相互信任，激发灵感。乐观、正面思考的力量是无穷的。抑郁症之类的心理疾病，其和负面思考有极大的关系，有些人习惯钻牛角尖，遇事常常往悲观无助的方向想，困在死胡同中。如果能换个角度，如想半杯水有一半是满的而非想那一半空的。现在的不如意，代表有无限成长进步的空间，检查自己，常保正念。无论是驱逐悲伤亦或是获取快乐，我们都需要从倾诉和沟通中寻得正面的激励。最自然的沟通对象可能是我们的亲人，特别是父母。我相信，所有的父母都愿意听孩子的倾诉。

"在家靠父母，出外靠朋友"，我们也需要和知心朋友沟通、倾诉。交朋友时不只要看朋友的嗜好和个性，更重要的是，还需要一些会鼓励人的、乐观的、幽默的、诚恳的、有同理心的、乐于助人的、愿意听人诉说的朋友。也许有人会说："我没有这样的朋友，也不敢去乱找朋友，如果别人拒绝怎么办？"即便别人拒绝我们，我们也没有失去任何东西，但如果别人接受我们，我们可能因此找到我们的知己。

希望在寻找好友的过程中，也让自己成为一个会鼓励人的、乐观的、幽默的、诚恳的、有同理心的、乐于助人的、愿意听人诉说的人，并尽力去帮助周围的亲人和朋友。唯有更多人愿意付出，快乐才能更迅速地通过人际网扩散。

4.3.2 以创造快乐为手段 营造高昂情绪期

快乐与生活相伴，快乐不是别人赐予的，而是自己创造的。生活满意度，是我们对生活各个层面所产生满意与否的感觉。更具体地说，如果有一个平衡的生活，我们自然就会觉得快乐了。

快乐满意度一：生理满意度。“生理健康”的满意度，也就是我们对自己身体现状是否满意的感觉。想要拥有更满意的生理状况，最好的方法，就是固定时间去做一些运动。专家建议，每周有氧运动至少2~3次，每次30分钟以上，不论是打球、游泳、跑步、跳舞、骑车等，都能帮助身体进入有氧运动的状态。

运动与快乐的关系，是要靠运动者自我感受的，每个人选取的运动不同，方式不同，快乐感也会不同。进行一项自己喜欢的运动，快乐感就高于疲于应付的运动。运动时，会增加荷尔蒙“脑内啡”的分泌，而脑内啡相当于人体内的“吗啡”，可以排除焦虑，令人愉快。另外，研究也发现，有固定运动习惯的人，他们的挫折忍受度比较高。换句话来讲，他们的情商比较好，对自己也更有自信。由此，大学生应该在最好的年纪，找到一项自己最喜欢也最适合的运动，它会伴随我们一生，为我们创造快乐，保健身体，增强正能量。

快乐满意度之二：亲密关系满意度。“亲密关系”是一种人与人之间的特殊关系，人与人之间的亲密关系建立在相互依赖、相互信任之上，我们的家庭亲密度会高，而社会中普通交集的人与人之间亲密度会低，但大学是人生中的特殊阶段，世界观、价值观、人生观相近的青年，在特定的年龄相遇相知，一起学习、一起劳动，一起嬉戏，一起度过一段难忘的时光，这是他们一生中，除了家族亲密度外也很重要的亲密关系。

当生活中遭遇困难或挫折，我们第一个想要倾吐的对象，就是自己的家人，当家人不在身边，那就是最好的朋友。亲密关系可以说是建立情商的一大支柱，当支柱稳固的时候，大风大浪都难以影响。一旦得到亲人或者友人的分担与支持，困难便会变得微不足道。一个人与同学、朋友的亲密度越高，他就越容易感到快乐。

快乐满意度三：人际关系满意度。“人际关系”，也就是我们的社交活动。我们可以想一想，自己常跟朋友联络感情吗？有许多朋友吗？在这里所说的人际关系指的是深刻而且有意义的人际关系。如果只是电话本上多了很多人名，并不代表人际关系跨出了一大步。

该怎样建立深刻而且有意义的人际关系呢？建议在跟朋友接触的时候，

多交换一些彼此内心的想法与心得，并与朋友保持固定的聚会，常常主动关心问候朋友们，以上这些都会大幅增加社交快乐感。作为大学生，可能经常有这样的体会，当我们放假时间过长，我们更愿意回到校园与同学在一起，当我们毕业马上就要离校的时候，我们会感到四年大学时光如此短暂，就是受到过的批评此时也变得那么美好，这是因为一群三观相似的青年人，带着热情、带着希望，全身心地相互支持、相互沟通、相互交往，无关利益、无关奢望，友情纯粹且珍贵。

快乐满意度四：工作满意度。工作占了我们生活中很大的部分，它不仅是我们经济的来源，往往也是我们心理需求的满足来源。我们对自己的工作满意吗？是不是觉得自己在工作上有所发挥呢？如果是的话，那我们在这方面的满意度就会相当理想。当我们在工作中有所贡献，心中就会充满成就感，进而感到自己的工作是有价值的，这份积极的心态将会为我们的工作表现加分不少。

快乐满意度五：自我实现满意度。这是比较高层次的满意。心理学家所称的“自我实现”指的是，我们充分发挥自己潜能时，所体验到的一种自我实现的快感。到底怎么做，才能有自我实现的满意感呢？建议先想想看，有哪些兴趣爱好是我们非常热衷的？或许它跟工作关系不大，可每当进行这项活动时，我们都会因为自我潜能有所发挥而无比开心。比如说有人醉心摄影，有人热衷当志愿者，都是很好的起始点。如果能找到一两项让自己充满热情的兴趣，用心下功夫去坚持的话，就会发现生活中的很多乐趣，慢慢也就有自我实现的感觉了。

快乐练习。当我们情绪低落时，当我们感到痛苦时，当我们灰心丧气时，当我们热情衰退之时，我们想寻找智慧，我们想找到忠告，我们需要指导，那么我们就必须付诸行动，向信任的人说出自己的烦恼，找到一切可能的帮助。

让别人知道我们的处境，我们会惊奇地发现，他们在许多方面都能帮助我们。当我们感觉烦恼苦闷不知所措时，就要找一位知心好友或有经验的长辈或心理专家，向他们诉说内心的问题以及烦恼。经过倾吐、发泄，听听别人的意见，理清烦恼的症结所在后，找出解决方法，便会豁然开朗，这就是对自己个性的释放，别让自己生活的太压抑、太累了，轻松愉悦的日子促人奋进。

对于释放个性的潜能，有以下几种具体的练习方式：

快乐练习一：不要事先过多考虑自己想说什么，张开嘴巴说出来就行。

快乐练习二：不要只会做计划（不要总考虑明天），不要不行动。“行动——在行动中纠正你的行为”，这个模式看起来有些偏颇，但事实上它符合伺服机制开动的原则。一枚鱼雷不会事先“考虑好”它是否错误，也不事先预想太多错误，它必须首先行动——朝目标发动——然后在行进过程中纠正产生的偏差。

快乐练习三：停止批评自己。受压抑的人经常沉溺在自我批评中，不管做出多么简单的举动，事后他都会对自己说：“我真不该这样做啊。”在鼓足勇气说完一句话之后，他可能会立刻对自己说：“也许我不该这么说，也许别人会有错误的理解。”

快乐练习四：不要折磨自己。因为有的反馈都是自发进行的，有意识的自我批评、自我分析和反省虽然也是必要的，但是经常不断的、每日每时都进行的自我猜测或者对过去行为的无休止的分析，最终将导致行动的失败。要注意避免过多的自我批评和自我责备，要在发现时将它们立即停止下来。

快乐练习五：养成大声讲话的习惯。受压抑的人说话声音多会明显地细小，自信心表现不足。尽量提高音量，但不必对别人大声喊叫或使用夸张的声调，只要使声音比平时稍大就行。加大音量谈话本身就是解除压抑的有效方法，可以调动起全身15%的力量，使人比在压抑状况下能举起更大的重量。科学实验对此的解释是，大声叫喊能解除压抑，能调动潜力，包括那些受到阻碍和压抑的潜力。

快乐练习六：直接表露爱憎好恶。受压抑的个性既害怕表现坏的情感，也害怕表现好的情感。如果他表示爱慕，就担心别人说他自作多情；如果表示友好，又怕被当作阿谀奉承；如果称赞某人，又怕人家把这当作虚伪逢迎，或者怀疑他别有用心。不必考虑这些否定的反馈信号，不妨每天至少夸奖1个人，如果喜欢某人做的事、穿的衣服或说的话，就说出来让他知道，真诚待人必收获真诚。

当我们对自己感到满意，在下定决心快乐的刹那，就是我们最快乐的时候。只要我们觉得事业成功、工作满意，有充实丰富的个人生活，就会感到很快乐。“快乐”是可以掌握的。“苦”和“乐”在一念之间，快乐还是痛苦，取决于我们自己心中的想法。因此，想要做一个成功快乐的人，重要的是要具备快乐的人生观。

如果我们想成功，那么就心存快乐，不论我们所追求的是事业上的成功，还是其他方面的成就，快乐就是我们的动力。成功者大都是懂得运用追求快乐魔法的人士。

想要成功，当然要学习和培养高情商。首先，要十分清楚和在意自己的情绪状态，不要轻易地被负面情绪淹没，陷入其中难以自拔。例如，不能掌控自己的情绪，听任自己深陷低潮，逆来顺受，不求改变等。

除自觉自控之外，还应尽早察觉负面情绪所带来的生理和心理反应，赶快利用“放松”“运动”“冥想”和“积极思考”等方法，帮助调整控制自己的情绪。这样做，可以达到阻止负面情绪肆意传染的效果。越是做这方面的努力，就越可能摆脱负面情绪。“除旧布新”“善待自己”“换个心情”“做自己喜欢做的事”和“听振奋人心的音乐”等都是让人开心、愉悦、快乐的好方法。

懂得把握每一刻、每一分来营造自己的快乐情绪，保持开朗乐观的心境，这样就有勇气去直面生命中的一些晦暗面，帮自己活出成功。要做得比别人成功，就一定要培养高情商，特别是学会创造快乐的情绪。

5　情绪调控与转换

在成功的路上，阻碍有缺少机会或资历浅薄，还有缺乏对自己情绪的控制。愤怒时，不能制怒，使周围的合作者望而却步，消沉时，放纵自己的萎靡，把许多机会白白浪费。学会情绪调控与转换，用积极情绪引领自己。

5.1　情绪调控

5.1.1　情绪的自我管理

人在一生中会遇到很多事情，不乏有许多艰难险阻，我们遇事要冷静，了解自己，认识自我，正确评价自己的情绪，并能够适时地调整情绪。大学生通常被称为时代的骄子，在掌控自己的情绪方面应该率先垂范。

学会控制自己的情绪。在情绪失控的情况下，容易冲动，有时行为会对人造成很大伤害，一旦冷静下来就会追悔莫及，造成了不可挽回的结果。

有一位管理者，整天盛气凌人、不可一世的样子，职员们想提醒他一下，就策划了一件事，每次在他进办公室前，在门前放上一个障碍物，每天如此，而且显得根本不是故意。第一天，他虽然有点不满意，但只是警告了一下，第二天还是如此，他有些着急，第三天，他再也沉不住气了，大声地嚷了起来，职员们一声不吭，他大约嚷了有五分钟后，没什么力气了，只好放慢了语速，声音也越来越小。这时候，有位职员慢慢走过来，脸上露出微笑，并以一种镇静充满柔和的声调说："领导，您今天有点激动啊，有什么大不了的事呢，我帮您做吧！"这句话一下子直刺到他的神经，他感觉自己内心受到极大的冲击，暗想：我怎么能这么失态呢？后来他对这件事进行了反省，意识到：一个连自己情绪都无法控制的领导，怎么得到职工的信任，怎么体现人性化管理，又怎么领导大家呢？一个人不能控制自己的情绪，不仅会伤害别人，也会伤害到自己。

我有一位学生，他不但沉稳、头脑灵活，而且经常能以幽默化解情绪化的氛围。有一次，他的宿舍在全校卫生大检查中排名最后，我就去找他，问他："你们宿舍还能进得去吗？"意思是他们的宿舍卫生太差了，他很机智地回答："能进去呀，我带着钥匙呢！"这风趣地回答，缓和了气氛，融洽了关系，有利于沟通解决问题。

情绪的失控容易导致思维的混乱，就是乱了章法，一个乱了章法的人，一个缺乏理性的人，是很容易被人抓住把柄和漏洞的。情绪的失控还会造成人格魅力的缺失和形象受损，一个有修养有涵养的人，绝不会通过发怒来解决问题。有个著名的故事是关于辩证法大师黑格尔的：黑格尔小时候和父亲一起到田间散步，在空旷的田间小路上，父子俩亲密地走着，忽然父亲问："听，远处是什么声音？"黑格尔仔细的地听了听然后说："我听到了，是马车的声音。"父亲说："孩子，你只说对了一半，是马车的声音，但，是一辆空马车。"黑格尔不解地问："您怎么知道是空马车呢？"父亲只说了八个字："马车越空，声音越大。"这八个字让黑格尔受益终生，他能够时时地、在任何情况下都做到平易近人，得益于父亲的这个教诲。作为大学生，受过多年的高等教育，能够做到通情达理。有的时候可能是别人的故意挑衅对情绪产生了刺激，就更要冷静处事，把握要领，不能被一时的情绪冲昏头脑，更不能成为"空马车"。

自己的情绪只有自己最懂。情绪是一种心理感悟和心灵体验，情绪刺激到身体部位，引起了自身的什么反应，这都是自己的体验，当然自己对自己的心理反应应该更清楚，"我的心情我自己最懂，我的情绪也应该我自己最懂"。

但是，良好的情绪虽然容易把握，但也不是说完全可控，常言说被幸福冲昏头脑，就是愉悦情绪的失控。不良的情绪在冷静情况下进行分析，还能够通晓情源，还能理出来龙去脉，然而，一般情况是，不良情绪下作为青春期的大学生很难理性地去分析缘由，这就给大学生了解自己的情绪带来了困难。但是，描述自身的感受还是完全能够做到的，并能够细化。

情绪在内部，不是外放的，情绪的内容当然自己最懂。情绪虽然通过一定的方式表现出来，但其真正的内容不会在一个时段内全部抛撒出来，即使表现的欲望很强，但也不是全部，由于多种原因，情绪是内化的，隐性成分占多数。

虽然认识自己、了解自己是一件很难的事，但自己的情绪必须自己最懂。打开心灵的窗户，调节心的网络，想想自己的感受，只放映自己的感受，问自己情绪的来由和所包含的内容，让自己与自己对话，找到与自己情绪沟通的渠道，把自己情绪的根由与要旨挖掘出来。

情绪是可以管理的。情绪是自己对事物的反应，是自己观念的表现，这种表现是自己的认知产生的，是可以由自己来管理的。当我们无意间走到宿舍门口，不经意听到本宿舍两个同学在谈论自己，我们会怎么样呢？大部分同学会停下来听，当听到两人说自己，有个同学说："她这个人今天真有点自以为是……"，你就没听后面再说些什么，然后闯进宿舍，大吵起来，搞的大家很不愉快，你可能还认为，我为什么让她们愉快呢，她们在背后说我的坏话呢。从事件本身来看是可以管理的，我们可以听完同学还说什么，确定整体过程和该同学的看法，然后再进宿舍说明我们的理由；或者我们就装作根本没有听到，进去对她们笑笑，全当没事儿，以后再找机会进行交流；或者，我们根本没把她们的议论当回事儿，不去理会。这些都是管理情绪所采取的方式。一个人沉不住气，听到只言片语就往不好的方面想；一个人爱表现自己，一有消息，就说出去；一个人为了显示自己比别人聪明，比别人知道的事情多，就大发言论，这都是不正确的。

情绪是阶段性的，任何情绪的出现都是由于刺激，生理周期的刺激、语言的刺激、事件的刺激、环境的刺激等，如果情绪不能管理，为别人所掌握，被环境所控制，事件就成了束缚的桎梏，这样就失去了自主性，而自主性是人的本能，是认识和实践主体的本能。所以，我们的自主性决定了我们不能受到情绪的左右，我们要学会做情绪管理的主人，做良好的情绪管理者。

不要被情绪左右。大学生是社会中的先进分子，是有知识、有文化、有理想、有道德的社会主义建设者和接班人，具有高的觉悟和文化层次，好的接受力，先进的观念，开阔的视野，良好的素质，所以，克服情绪困扰的能力就强，能够冲出情绪的牢笼。

了解自己的情绪才能管理。管和理都是人为因素决定的，管理情绪重点在于要知道自己情绪产生的原因、知道自己的情绪状态，知道通过什么方式来解决。第一，在日常生活、学习、工作过程中，就要认识自己的情绪周期，当进入不良情绪周期状态前，就要进行适当的调节，把不良情绪遏止在萌芽状态。第二，要善于静心认识自己，明白自己所求、所需，知道自己所处的情绪状态，找到释放的方法。第三，要勇于担当。自己的事情要自己承担，不要轻易把责任推给同学或朋友，学会理顺并完善自己的事情。第四，把心态摆正，情绪就顺达。第五，正确认知情绪，不要把情绪都看作是坏事。

做自己情绪的主宰者要把握的要领。一是要相信自己是主宰者。情绪的管理不同于其他事物，这是自己内心的体验，必须由自己来主宰，别人非亲历者，总是站在他们自己的立场上帮我们分析问题，只阐明他们的立场、观点，只能给我们提供建议，常言说劝人劝不了心就是这个道理，内心情绪的修正和改变只有自己能做到。有时还会出现两个截然不同的想法在我们脑海中相互拉扯，最终一个会战胜另一个而取得决定地位，那这个决定就影响了我们自己的情绪改变。在重大情绪波动中，一定要快速决断，切忌犹豫不定，犹豫只会徒增烦恼，无益事情的解决。二是要未雨绸缪。计划是最好的行动预警，有利于事情的顺利发展，做事有计划才能减少差错，提高成功概率。情绪管理也是如此，在对自己情绪周期了解掌握的基础上，提前预警，采取措施，就能够减少不良情绪带来的烦恼。三是正确认识人生。人的一生只有一次，不会重来，也没有彩排，每天都是现场直播，过完一天就少了一天，人生的考场千万个，考验的是智慧及临场发挥的能力，能不能交上一份满意的答卷，就看自己的发挥水平了，人生的试题没有标准答案，考察的是丰富的想象力和合理的驾驭能力，是对与社会对接、与人生对接、与自身潜能发挥对接的评判，是社会影响人和人的能力发挥的综合体。

5.1.2 情绪表达与发散

情绪需要表达。情绪作为一种心理体验，必须通过一定的方式表达出来，一直得不到表达就容易产生抑郁、郁闷等不良心理反应。情绪表达就是人们通过一定的方式把情绪展现出来、抒发出来，这种表达指的是采取正确合理的途径和方式。它有这样几个特点：一是情绪表达是人们调节心理平衡的重要方式。人的情绪伴随人的一生，在不同的时期表现各种各样的情绪。情绪对自己的内心影响很大，人们必定会表达。二是情绪表达具有选择性。一个人的情绪怎么表达，向谁表达，表达什么，想得到什么，都是他自己选择的结果，由于可以选择，那就带有理性成分，就减少了不良后果，就增加了可控制性，表达的范围不同，表达者的要求、效果也就不同。三是情绪表达具有多向性。表达对象不同，对于要表达的情绪可以得到不同的缓解技巧。比如，我们面对本宿舍人际关系紧张引起的情绪不安，就可以对老师表达，老师会给一些建议；向同学表达，同学给出的建议有可能与老师给出的建议不同；向家长表达，家长又会给出另一种建议。根据各种不同的处理方式我们所得到的反馈是多向的。情绪表达的功能就是纾解情绪压力，寻找解决方法，愉悦人生旅程，把大学阶段变成收获难忘经历的重要历程。但是，要注意情绪表达的代价性。代价一词按照现代汉语词典有两点解释：一是获得某种东西所付出的钱。二是泛指为达到某种目的所耗费的物质或精力等。从这两个解释中我们不难看到代价的特征：(1) 代价具有目的性。之所以会产生代价，是因为主体为了一定的目的而必须先付出，通过付出得到自己想要的东西，是为了某种目的而付出的，这种目的性在一定程度上决定了代价的出现。(2) 代价的不确定性。付出不一定就有所得，代价就是在付出过程中产生的负效应，是否产生代价，代价本身大小或多少，有时在规划或计划方案中是不能完全预料和规避的。代价形成的形式和深度、代价涉及的范围等都不能完整地展现出来，只有在事件完成后进行多方面的考察和实践才能在一定程度上把握。(3) 代价的繁衍性。代价有直接展现出来的，那就是直接影响的承载物、承担者，这种直接的承担者不是完全的，在某种状况下，代价是能够而且可以繁衍的。比如：环境的代价会繁衍到后代的生存空间，精神的代价会影响到人文生活方式等。代价的形式不同，繁衍的程度会有所不同，繁衍的程度不同，代价的影响力也会不同。了解代价的繁衍性是为了更好地控制代价的影响，把代价限于人类自身可控的范围和程度以内，更有利于持续健康快速发展。(4) 代价评判的滞后性。在规划和计划方案中，虽然能够对结果有一个相对客观的预测，但是否存在代价，代价产生的大小、影响的深远，只有在事物完成后才能被揭示和发现，也才能对后果进行评判。那么，由于代价是在事后产生，那它的评判也是在事后的，这种滞后性表明，代价虽然可以预测，但评价它具有后效应，这就在一定程度上降低了代价的可控性。在社会发展中，应当以类事件作对比，尽量把代价限制在最低。(5) 代价与成本的相对相容性。代价不等于成本，多于成本，但又不能与成本划分明显的界限。如果付出正好与得到的东西价值相符，那就是成本，是必要的投资。这是因为为了达到某种目的，就必须要付出，只有付出才会有达到这种目的的可能，但是付出了，或是多付出了，不一定就能事先预料准确。从这个意义上，代价与成本是相对的。但代价与成本都是为了达到一定目的的付出，人在付出之前并不完全掌握将要付出的质和量，由此，在事物完成后，也不可能在代价和成本之间划出一个鲜明的界限，这就是代价与成本的相容性。从这个意义上说，情绪表达是为了减轻自身的心理压力，这种目的性必须以既不伤害自己、也不伤害别人的符合社会规范的方式来表现，不能只为了自己而影响到其他人或集体。比如说，我们自己情绪不佳，回到宿舍对室友表达，但是没有注意到此室友正因为其他事件烦躁不安，我们的情绪表达就会加重室友承载的压力，带来负面情绪，或把负面情绪的影响扩大化。实际上，是否会产生负面情绪在我们表达之前是无法衡量的，代价的大小也无从知晓，当表达完之后才会知道是否适得其反。是否会产生更大量新的负面情绪具有不可预计性，负效果对不良情绪的纾解不但没有帮助，还有可能使其更严重化，甚至繁衍化。因此，要学会选择合理纾解情绪的方式，找寻正确的表达途径，这也是人的能力提高的表现。现代社会的发展和大学管理以及时代赋予的新任务，使大学生的情绪压力增加，表达方式减少。师生沟通贫乏，倘若教师缺乏接受学生情绪表达的意念，采用批判式控制学生情绪表达的方式，表面上看，不良情绪在减少，然而，负面情绪的积聚一旦逼近或超过警戒线，就可能无法控制而采用极端的方式表现和纾解，造成不可磨灭的伤害和痛苦。所以，表达是正常的，正常的情绪表达是预警，是有益的，多重的社会压力、多样的人事压力带来的繁杂情绪能够通过表达来缓解，当然要选择最好的方式。

每个人的性格不同，表达情绪的方式也不尽相同。我们可能常听老人们说原来的生活很艰难，每天为了吃喝而奔波，但寒窑虽破能遮风雨，夫妻恩爱苦也甜。而现在，人们吃喝不愁了，衣服漂亮了，物质生活丰足了，很多人的幸福感却降低了。以前，人们的目标简单，每天考虑的是如何能有房子住，如何解决温饱问题。现在，这些基本的问题都解决了，每个人的目标更高了，社会生活多样化了，情绪就多了。

情绪表达通常有以下几个方式：第一，面部表情表达。某种情绪的表达是可以呈现在脸上的，尤其是外向性格的人，遇到什么样的事情，这件事情对自己心里的影响是什么，大多会通过面部表情反映出来，所谓喜怒哀乐等形于色。即使是内向型的人，不善于情绪外露，但也会有其表现，特别对于惊喜或大悲等情绪。无论如何，情绪是内心的感受和体验，每个人有属于自己的表达途径。第二，动作表达。遇到某种情绪震撼，可以通过四肢做出各种动作来表现，比如惊恐时手足无措，害怕时搓自己的衣服角，兴奋时蹦蹦跳跳、手舞足蹈等。第三，口述表达。一是向自己表达，让自己很清楚地认识到自己的情绪状态以及它的来源。这是我们容易忽略的一种表达方式，这种情绪表达可以是有声的，也可以是无声的，这种表达对我们的健康非常重要。因为如果我们自己很清楚自己的情绪状态，知道缘由，知道情绪的影响程度，向自己表达是对自己最好的安慰。二是向他人表达。向自己的老师、同学、亲人、朋友等表达。几年前，我有一位学生，不愿意向同学表达自己因家庭问题引起的情绪困扰，专门到我的办公室向我表达，说出来就减轻了一半的压力。俗话说："把欢乐告诉你的朋友你会得到双倍的欢乐，把痛苦告诉你的朋友你会减轻一半的痛苦。"以后还会有越来越多专业化的表达方式。第四，书写表达。通过写信向自己或向他人表达自己的不良情绪。我曾经写过一篇稿子《用书信架起理解的桥梁》，就是做辅导员时的一点体会。第五，向环境表达。不高兴的时候去旅游，观看祖国的大好河山，美丽的苍穹、湛蓝天空、辽阔的海洋、碧绿的草原尽收眼底，微风吹过，无比惬意，西西公主就是在大自然的怀抱中身体渐渐康复。第六，升华表达。就是在了解自身情绪的基础上，把这些情绪和情感进行提炼和升华，化作动力，为社会、为家庭、为集体做贡献。

表达与宣泄不同，表达是疏导疏散，良性情绪通过表达扩大影响力和正面感染力，调节气氛，融洽关系；不良情绪通过正确的方式进行表达，可以减轻不良情绪带来的压力，让朋友帮忙分担、分解不良心境，表达者身心得以安慰。表达分为自然表达和自觉表达，自然表达是人与生俱来的，以面部表情释放为主，加之肢体语言和说话的声调、口气、语速等多方面，面部表达通过五官做出反应，如快乐、愤怒、厌恶、惊讶等表情各不相同。肢体的表达通过手势等动作来完成；声音的表达通过语调的高低、语气的强硬程度、语速的快慢等来表现。

自觉表达则是针对自身心理出现的某种情绪，通过自己理性分析，从而找到正确表达途径，加以释放的过程。一般遇到心理冲击后，首先，当事情刺激到心理的时候，要运用数数字，控制情绪节奏，然后定神仔细想，理出事情的脉络，找到症结所在，再分析是否值得生气，体会自己的感受。防止心理隔膜在沉默中增厚，防止情绪困扰在心中形成死结。其次，不能钻牛角尖，要积极找寻自我情绪疏通渠道，可以找朋友倾诉、聊天，也可以找老师帮助，请记住，在任何情况下，老师都会伸出友爱的双手。倾诉是最好的表达方式，但是，倾诉一定要选择好倾诉的对象，被倾诉者要有一定的分析问题的能力，有足够的体恤能力，并能够和倾诉者一起剖解不良心境，驱逐阴霾接受阳光的普照。记得有这样一个故事：有一个人从国外坐飞机回国探望自己的妻子和孩子，飞机在飞行过程中遇到强气流冲击，颠簸得厉害，极其危险，经过了生死一线，终于安全到家，惊恐未定的他一踏进家门，就急于把刚才发生的惊心动魄之事告诉妻子，但看到妻子和孩子正在一起玩游戏，而且兴致正浓。他说起这次危险的旅行，可是由于在带孩子，妻子根本无暇听他的倾诉，他失望极了，等孩子不玩了，妻子回过头来想听丈夫倾诉的时候，发现丈夫已不想再说了，情绪也更不好了。这件事情表明，倾诉是一件多么重要的事情啊，在找不到表达和倾诉对象的时候，内心的郁闷很难承受。再次，正确的表达要抛掉不良习性，比如借酒消愁、抽闷烟等都是非正确的表达方式。最后，正确的表达有很多种方式，比如运动、唱歌、交流、分享等，只要根据自己的需要找到适合自己的方式，青春的情绪波动就会在良性的轨道上收到更大的效果。仔细想一想，自己在受不良情绪影响时，一般会采取什么方式，深呼吸、遛弯、想快乐的事情、逛街、打球、告诉父母、告诉朋友、吃东西、睡觉、看校园的花草、参加集体活动、向老师倾诉、写日记、其他，都是很好的疏解不良情绪的方式。

5.1.3 情绪控制与调节

如果说情绪的表达是管理情绪的初级阶段，那么情绪调节与控制就是情绪管理的高级阶段。通过表达完成的是情绪的表现和疏通，调节和控制是寻求更好的结果和效果，表达是完成，调节和控制是效益提高；表达是量的展现，调节和控制是质和量的统一展现。虽然表达和调节都是主动和能动的，但其主动性和能动性的程度不完全相同，调节和控制的能动性要高。

表达是直述，是直抒胸怀，是向他人或物展露；而调节是理性分析，是自己能动地解决。虽然其中也不可或缺地需要其他人的帮助，但调节和控制是以自己的内省为前提和基础的，不掌握自己的情绪要领是无法做到调节和控制的。

情绪调节和控制的前提就是自我认知，尤其要认知自我情绪情况和状态，不了解自己的情绪，不知道为什么会产生不良情绪，不懂得情绪会在哪些方面影响自己，又怎么能找到适合自己的调节和控制情绪的方法呢？

情绪调节和控制的着力点就是要提高修养，做到心胸豁达，知识面宽，内涵丰富。一个知识渊博、极富智慧、阅历丰富、性格刚毅的人，一般来说很少受到不良情绪的困扰，即使受到困扰也能顺利找到解决办法。

情绪调节分为硬性调节和软性调节。所谓软性调节就是通过以人为本的方式，让自己主动地有选择地去接受情绪的转移或不良情绪的改变。这样的方法是根据自己的接受度和日常习惯逐步探索出来的，一般来讲，作为人的类本质特征共性的方法有：一是设想美好。当我们处在不佳情绪的制约之下，压抑自己心情的时候，为了在短时间内使不良情绪得到转移，就想象美好的事情，转换成一副好心情。心理学家说："你设想什么，你就会得到什么。"设想美好的事情，就会受虚构美好的引领，放大美好，痛苦得以被掩盖。生活中，曾有人放大痛苦，记得有这样一个故事：一位妇女从集市上买回一个鸡蛋，捧在手里万分小心，在路上走着走着被一块石头绊了一脚，把鸡蛋摔坏了。失去了一个鸡蛋，她设想着，一个鸡蛋可以生一只小鸡，一只小鸡可以下无数个鸡蛋，无数个鸡蛋又孵一大群小鸡……如此循环，她就可能因此失去了一个鸡场。这种设想出来的痛苦比那一个鸡蛋大得多。有的同学虽然不承认自己和她一样容易设想太多痛苦，但有时也会犯这样的错误，本来与同学因小事发生了一点争执，但她把这种痛苦放大，不能释怀，由此，对立和冲突越来越大。反过来，如果我们设想美好，我们就会陶醉在自己设想的事情中，从美好中放大美好，心情自然得到修复并快乐起来，最起码忘记了刚才的不快乐。当烦恼袭来，我们躺在床上，闭上双眼，回忆父母给予的爱，买回的第一件新衣服，自己美好的恋爱，和自己的朋友畅游过的最喜欢的美景，考上大学时的兴奋等等，这种美好情绪的感染瞬间就会弥漫到灵魂深处，把自己带入迷人的境地。二是浏览盛景。环境对人心情和思想的影响是直观的，是感性的、直接的刺激，美丽的环境能够陶冶情操，释放悲凉，令人心旷神怡。记得有个学生写的《绿雨街》，我当时看了非常喜欢，写的是他失恋了，今天的考试不佳，带着郁闷的心情走在校园的小路上，小雨打在身上，丝丝凉意直刺到心里，这种寒战、这种凄楚使他的心情跌到了谷底。突然，他的眼前一闪，思绪慢慢被拉入树下的雨中，看到不时走过的红衣少女，掠过的七彩雨伞，和垂柳的青绿交融相映，一幕幕的情景如画，把作者的境界一下拉高了，融情融景之中，美妙至极，就这样，他将这条街称为绿雨街。三是用愉快的表情牵动心情，情和景的交融中，转换思路，由盛景得盛情，战胜自己的烦闷心境。本来是不利的情景，本来是闷的天气，本来是屋漏偏逢连夜雨，但怎么样欣赏景，怎么样从景中挖掘朝气和积极向上的元素，就成了要领所在。在2008年北京奥运会前夕，挑选的礼仪小姐在训练过程中要求露出八颗牙，即使没在笑，但露出八颗牙的动作就给人一种正在笑的感觉。在本动作的驱使下，转变成了笑的模式，由僵硬的动作变为内心的外露。那么，我们在心绪不佳之时，拿一个镜子，对着它练习笑，最终会怎么样呢？

硬性调节是指强迫自己修正不良情绪，告诫自己应该做什么，应该怎么做就能跳出不良情绪的漩涡。

一是强迫性调节。

在古老西藏，有个叫爱地巴的人，年轻的时候，每次生气或与人起争执时，他都会跑回家去，绕着自己的房子和土地跑3圈。

后来爱地巴的房子越来越大，土地也越来越广，但无论怎样，只要与人争执或生气，他还是会绕着房子和土地走3圈。爱地巴很老的时候，才对自己的孙子说出他这样做的理由。原来，年轻时，他一和人吵架、争论、生气，就绕着房和地跑3圈，边跑边想：我的房子这么小，土地这么少，我哪有时间、哪有资格去跟人家生气。一想到这里，他的气就消了，接下来便将所有时间都用来努力工作。

等到后来，爱地巴年纪大了，也变成了最富有的人，遇到生气的事情，他还是会绕着房和地走3圈，这时他想的是：我的房子这么大，土地这么多，又何必跟人计较。一想到这，他的气就消了。

没时间争吵，有气就跑3圈，这种开明的思维和好习惯帮助了爱地巴从穷小子变成了大富翁，也帮助了许多人成为优秀的领导者。（摘自baobeiguniangar的空间）

二是理性抛掉不良情绪。就是知道自己处在不良情绪之中，对不良情绪产生的原因和情节都了如指掌，由于非常清楚，所以，在理性分析基础上，让自己打散罩在头上的阴云。

三是找寻替代物。当不良情绪袭击自己，想硬性解决不良情绪的影响，就要找寻新替代物，转移不良情绪。

控制情绪需要长时间的孕育、积淀和调理。首先，本着以预防为主的原则，尽量不让不良情绪有出现的机会。不良情绪一点都不出现，对于人来讲几乎是不可能的，这源于人有对事物的渴求与渴望，有对别人的要求。我们平时要放平心态，正确梳理各种欲望，摒弃不必要的欲望。

其次，要经常平衡自己的心态。由于社会复杂，各种不平衡事件多有发生，大学生在面对生活、学习、择业、恋爱等事时，由于各种条件（包括物质的和精神的条件）都会有所不同，在不同条件下，付出同样的努力，甚至更多的努力，取得的效果却不同，甚至付出的努力多但收获却很少，这种情况，造成不平衡加剧。我很喜欢的一个词就是：差异化竞争力。记得冯巩说过一段相声，其中有这样几句话："我就是想跟潘长江比个大，与陈佩斯比美发，与帕瓦罗蒂比劈叉，与美国总统布什比说中国话！"给自己以信心，放大心理平衡。我们也都知道田忌赛马的故事：齐国的大将田忌，和齐威王赛马，把各自的马分成上、中、下三等。比赛的时候，要上马对上马，中马对中马，下马对下马。由于齐威王每个等级的马都比田忌的马强得多，所以比赛了几次，田忌都输了。在好友孙膑的指点下，变换了马的出场顺序，比赛的结果是三局两胜，结果胜了。

原来我认识一位老教师一直保持平和的心态，95岁的时候，仍然能够自己买菜做饭，身体健康，行动自如。平衡心态一方面要放平心态；另一方面，就是寻找自己的优势，看到自己的优势，当然就树立了信心。

最后，培养自己遇事冷静的气度和修养。大学生不同于一般群体，接受高等教育的洗礼，承担着社会的重任。社会是复杂的，修炼自己冷静的品德以及社会建设必需的品行。只有沉着冷静，才能静观全局，才能认清形势，才能把握大局。

在美国南北战争时期，有一天，陆军部长斯坦顿向林肯抱怨，说有个陆军少将用极其恶毒的语言指责他，为此他郁闷难忍。林肯建议斯坦顿写信回击一下。

斯坦顿随即写了一封信，然后给林肯过目。"对！对！"林肯颇为赞许地说，"就是这样子！狠狠地骂他一顿！这绝对是一流的反击！"

得到总统的认可，斯坦顿很快慰，把信折起来，准备放到信封里。林肯叫住了他："你准备怎样处理这封信？"

"当然是寄走啊！"斯坦顿有些莫名其妙。

“胡闹!”林肯叫道,“这样的信怎么能寄走?你把它扔到火炉里吧!”

林肯接着说:“我一腔怒火时写的信,都是这样处理的。如今,你已经在合适的时间把它写下来了,也抒发了胸臆了。就不要让对方再不痛快了。他不痛快,你还会再次不痛快的。”于是,在林肯的支持下,斯坦顿烧掉了原信,重新写了一封冷静的信……

如果你找不到做某事的好理由,你就有了一个放弃做此事的好理由,同样的,如果你找不到发火的好理由,你就有了一个放弃发火的好理由。这就是林肯传授给斯坦顿的取舍和自我保护的艺术。

推而广之,领导者不仅不应胡乱发火,更不能感情用事,做出错误决定。有的时候,危急的形势会使人有抓狂的感觉,无论是社会上的民众,还是组织内成员的情绪,会有传染性,当然也不可避免地会传染给领导者。这种时候,领导者要向林肯学习,越是混乱,越要清醒,把握好自己的情绪,进而做出正确的决断。

许多时候,想想你可能会因不良情绪而错过的良辰美景,大好机遇,你也许就会对一时的郁闷、懊恼看开一些。(摘自 baobeiguniangar 的空间)

小常识:哪些食物能调节情绪。

多年来的研究显示,某些特定的食品能影响大脑中某些物质的产生,从而改善人们的心情。

全麦面包。食物中的色氨酸能提高大脑中5-羟色胺的水平,使人产生愉悦的感觉。而全麦面包能帮助色氨酸吸收。在吃富含蛋白质的肉类、奶酪等食品之前,先吃几片全麦面包,可以保证色氨酸能进入大脑,而不至于被其他氨基酸挤掉。

咖啡。早上喝一杯咖啡确有提神醒脑的作用。咖啡因能使血压暂时性略有升高,并阻断使我们感到瞌睡的化学物质传递。但每天喝 3 杯以上可能反而会使人烦躁、易怒。

水。每天应喝足够的水,防止因缺水而感到萎靡不振。不能用咖啡或其他含咖啡的饮料代替。

香蕉。紧张与人体内缺乏镁密切相关,所以,生活忙碌的人在食谱中应补充富含镁的食品,例如香蕉。

橙子和葡萄。每天 150mg 剂量的维生素 C(约两只橙子) 就可以使紧张、易怒、抑郁的不良情绪得到改善。

辣椒。辣椒中含的辣椒素能刺激口腔神经末梢，使大脑释放出内啡肽，这种物质能引起短暂的愉快感。

巧克力。许多女士，尤其是当她们受到经前期综合征或不良情绪困扰时，特别想吃巧克力。因为巧克力具有镇定作用。

牛肉。为了降低胆固醇完全忌吃牛肉，往往会引起缺铁，使人感觉疲劳，心情抑郁。试验表明，每天吃3盎司牛肉（一只小汉堡包）的人比完全素食的人可多吸收50%的铁。

5.2 情绪转换与思想政治教育

5.2.1 不良情绪的适时适度宣泄

情绪宣泄与情绪表达和情绪控制不同，宣泄是爆发式的，是强力的，是情绪的狂劲外露，必须要发泄出来。情绪宣泄有这样几个特征：

第一，宣泄的狂躁性和无目的性。情绪宣泄是在情绪亢奋时期的一种爆发式外露，是无计划的外现，是突然的迸发，有很大的袭击性，是漫无目的的发泄，攻击也是无目的的。

第二，缺乏理性。从宣泄者角度来看，是一种狂躁，由于没有经过大脑的详细思考，思路不清晰，心态不够平和，缺乏理性分析。

第三，宣泄对象的不确定性。由于缺乏理性和心理准备，宣泄的对象是什么是不定的，大多数情况下就是身边的事物或人。

第四，宣泄后果的反悟性。没有经过思考的事情一旦实施，对于头脑聪明、会分析的青年学生来说，就会在事后进行反思，反思的结果趋于理性，就有可能会后悔，在后悔中会有所领悟，通过反悟，能够使自己尽快成熟。

据说，国外的企业或公司都有一个专门的屋子，叫做宣泄室。因为国外劳动强度大，人的大脑高度紧张，再加上自由度较高，在情绪亢奋时，就需要宣泄，为了减少不必要的损失和麻烦，避免造成不良后果，建立了宣泄室。职工可以到此来宣泄，得到宣泄的情绪就趋于平稳，避免在工作中出现过激行为。

宣泄分为正当宣泄和非正当宣泄，正当宣泄形式大约有以下几种：

运动宣泄。我有一位学生，因学习成绩总是不理想而苦恼不已，在中学时，经常得到老师的表扬，到了大学，却远不如中学，心理冲击力很大，除了正常表达和调节外，还经常与老师沟通，向老师倾诉，在分析整个事件的缘由后，我和对方一起制定了每天的运动宣泄计划。爬楼梯的运动，即其在锻炼身体的意识感召下，付诸了行动，身体在运动中劳累，晚上睡眠得到很大改善，第二天上课的状态明显好转，久而久之情绪也得到了改善。运动宣泄是常用的一种宣泄方式，对于身心都有一定的好处，是值得提倡的，还能够打牢健康的基石。

哭泣宣泄。有时候，有人伤心的时候，我们会对他们说哭出来吧！这说明，哭可以发泄郁闷和痛楚。通过大哭，给人心灵以冲刷、洗礼，据说眼泪还能带出人身体里的有毒物体。有人做过实验，大哭时流出的眼泪能够使实验体变色。

书写宣泄。对于大学生来说，书写并不陌生，是经常从事的一种行为，在情绪不佳时，书写下来，以进行宣泄，也许会收到意想不到的效果。

歌唱宣泄。通过唱歌宣泄情绪，唱歌本身就是表达感情的方式，激昂的歌曲让人振奋，忧伤的歌曲易产生共情，抒情的歌曲易形成共鸣，总之，唱歌宣泄不仅对自己调节心情有利，对于与其他同学友好相处也是有益的，还有利于形成良好的校园氛围。

大笑宣泄。大家可以在特定的时间内聚集到一起，有人带头大笑，然后大家一起大笑，锻炼时间一般维持在 10 分钟左右。大笑可以带动全身肌肉运动，不仅能够锻炼身体，使身体健康，而且是一种好的宣泄方式，在笑的过程中，不良心绪都被抛到九霄云外去了。

当然还有一些是不提倡的宣泄方式，比如：骂人、砸东西、打架等。

在实际生活和学习中，要不断探索适合自己的宣泄方式，学会沉着冷静地对待事物，多分析，多理性思考。

我有一次问同学们："冲动是什么？"他们说："冲动是魔鬼。"既然知道是魔鬼，为什么还经常自己让魔鬼来侵蚀我们呢？遇事冷静，拒绝冲动行事，我们莫要被情绪所扰。

5.2.2 思想政治教育工作者对大学生情绪的把控与疏导

观念、思想是行为的先导，大学生正处于世界观、价值观形成的关键期，雷厉风行。做事果断、果敢这是青年人应该具有的品质，但它应该是以运筹帷幄的谋略为前提的，应该尽量减少盲目带来的代价。

“三思而后行”出自于《论语》，就是教导世人在做任何事情之前要养成多思考的好习惯。思就是要在做事之前思考有关的环节，包括事情的起源、过程，做事要有计划、方案、策略，考虑所做事情会遇到的困难，现有的条件，成功的概率，涉及的人员，取得的素材等。思从起源看，是决定做与不做的起点；从过程看，是决定做什么，怎么做的依据；从结果看，是为了求得完成圆满。“三思而后行”并不是胆小怕事、瞻前顾后，而是成熟、负责的表现。因此，为了求得更高的成功率，为了少走弯路，为了练就自己的成熟思想，为了减少浪费，决定做一件事情的时候，特别是重大事件时，必须要进行全方位的思考和整体谋划，深入实际调查研究，多思多问，这是少走弯路、完美做事的捷径。但是，“三思而后行”并不是犹豫不决、瞻前顾后、踌躇不前。在现代快速变化发展的社会中，日新月异，科学技术迅猛发展，错过的机会、机遇就永远不会再回来，所以，还要提倡快速决策。这与“三思而后行”是不矛盾的，应该把二者有机地结合起来。做事情要学会把握时机，同时在决策的时候还要多去思考，这样，人便更有希望到达成功的彼岸，立于不败之地。我常常和同学们分享这样一句话：瞬息万变的世界，瞬息万变的人生，愿我们捕捉住每一个偶然。

2004年，在云南大学宿舍发生的连杀四人轰动全国的“马加爵事件”，造成的恶果永远无法弥补。

现代社会带给我们新成果的同时，也给我们提出了许多的新问题，一味不假思索、不计后果的行事，势必会成为社会发展的桎梏，轰动全国的“熊猫烧香”亦是如此。所以，大学生要培养深思熟虑的好习惯，放眼世界和社会，不要拘泥于自我，要常常谨记：千里之堤，溃于蚁穴；人无远虑，必有近忧。

老子说：“静胜躁，寒胜热。清静为天下正。”这是符合辩证法的，也正说明了以不变应万变准则的可行性。

那么不变的核心是什么呢？保持什么不变才能克服万变带来的影响呢？我们学习为人处事的良好态度，树立正确的世界观、人生观、价值观，在正确思想意识的引导下，不会过多的受到外面世界的影响，也不会给自己的人生染上灰暗的颜色；当我们树立了正确的世界观，在不合理的物欲面前就不会动摇，在扰乱社会治安、违背学校规定等方面就不会越轨，在与同学交往中就不会以自我为圆心，犯利己主义的错误。中心不变，周围再变，也不会改变立场。这就是我们时时要掌握的不变本色，这是马克思主义指导地位和作用的结晶。

静方能观物。辩证唯物主义告诉我们：事物是发展变化的，运动是绝对的、无条件的，而静止是相对的、有条件的。正是由于相对静止的存在，才使得能够认识和区别事物，才知道之所以能够分清甲和乙的不同是由于处在相对静止的状态中。不变即为静，不变才能观物之变，才能探索出万变事物的规律性，才能了解变的角度和方向，才能知道用什么方法制动。如果一个司机和汽车不是处于相对静止的状态而是处于相对运动的状态，他怎么去操作汽车呢，怎么样才能刹车呢？

静可以净化心灵、思想，使思路清晰。在安静的状态下，人才可以理性思考，才能抓住事物的根本。躁动容易暴露想法，容易四面出击，容易口出狂言，也容易出言不逊，容易失去理性，容易扰乱思想意识，容易做出错误的选择，我们说乱了方寸，就是在不静时最容易犯的一个错误。

怎样才能做到不变呢？首先，要用高尚的思想统领自己的思想。心正意识清，不变的中心牢固，任何风吹草动都不会动摇自己。其次，要有以不变应万变的泰然自若，要知己知彼。知人者智，自知者明。对于事物、事态、形势、趋势等了如指掌，就会心平气和，稳如泰山。知己知彼方能百战不殆。最后，要有信心。对自己有信心，是建立在了解的基础上，对他人有信心也是建立在了解的基础上。建立了信心再找寻到适宜的方法，任何艰难的事也会解决，做到以静制动，以定制变。这就是车到山前必有路，船到桥头自然直。

王者处世，须得镇定自若，以不变应万变，即使泰山崩于前，亦谈笑布阵，挥洒自如。

李嘉诚，曾是全球华人首富，全世界华人最成功的企业家。著名爱国人士的他本着一条信念：以诚信求生存，以诚信谋发展，以诚信为经营理念。虽为商人，他打破了人们心目中唯利是图的商人形象。他以服务社会为目标，在沉浮变幻的商海里，在香港社会中，在经济沉浮与变幻中，仍能辟一方净土，留一份清宁。作为一名具有极高知名度，富有社会责任感的大企业家，生于潮汕、成于香港的李嘉诚，常怀着一颗热爱家乡、热爱祖国的拳拳赤子心，奉献自己的财富和精力。

6 基于情绪管理的思想政治教育

悲伤要有快乐作陪，雨过就有天晴。如果雨后还是雨，如果忧伤之后还是忧伤，那就让我们从容地面对，等待太阳升腾的时刻！

6.1 思想政治教育要把握情绪

6.1.1 思想政治教育工作者自身的情绪与管理

思想政治教育的过程就是一个沟通交流并运用情绪使情绪稳定平和的过程，在这样的过程中，才能达到教育的目的和目标。情绪情感在思想政治教育中的作用是非常明显的，而这种作用要通过教育者来主导，由此教育者的情绪与管理相当重要。

思想政治教育工作者要对自身情绪认知准确。现代心理学研究表明，情感产生于认知。客观事物只有当它被人们所认知，尤其是当它与人的关系被人们认识的时候才能引发人们的情感。思想政治教育活动的整个过程都是认知的过程，思想政治教育者首先要对情绪进行认知，进而对自己的情绪进行认知，这两种认知的统一就是思想教育过程良好沟通的开端。

情绪情感对思想政治教育正向认知。正情绪情感认知得到正能量，对认知与沟通、传播起促进作用。良好的心情历来是人接受力最高的节点，能影响受教育者的学习态度，使受教育者的认知积极性有效提高，对认知产生浓厚的兴趣，进行深入、细致、准确的把握。在思想政治教育活动中，令受教育者以积极的情感参与学习活动，能增强其学习的自觉性，提高其学习效率。

负向情绪情感对思想政治教育认知阻滞。对情绪的负向认知，并不是负向的情绪情感，对情绪的负向认知明确，并着力扭转与克服也能起到正向作用，但这里只阐释引起负向结果的认知。在思想政治教育活动中，不良的情绪情感对认知起阻滞作用，使受教育者感到凡事枯燥无味，对教育内容或视而不见或产生认知偏差，导致教育效果受损。因此，要着力关注以下几个问题：

情绪情感与动机的关系。有时，动机是由情感引起的，但并不是说情感一定引起动机，只是情感在一定程度上影响着动机，动机也会带来情感的变化，二者是辩证统一的关系。情绪情感可以直接转化为动机，成为推动人去行动的动力，这就要求思想政治教育者不仅要把自己的目的情感化，带着感情做好思想工作，又要求了解受教育者的情感与动机，选择最佳支点。

情绪情感与兴趣的关系。情绪情感总是与兴趣相伴而生，俗话说：兴趣是最好的老师。兴趣能够刺激人兴奋，激发灵感，兴趣是情绪的最基本表现形式，是一种先天性情绪。

情绪情感与意志的关系。情绪情感是意志的种子，情绪情感是外在的，而意志既是外在的、更是内在的（更多地表现为内在），情绪情感既可以提高意志活动的水平，也可以成为意志活动的阻力。由此，思想政治教育者就要用心去培育受教育者在教育目的上的意志力，坚定教育目标的实现。

情绪情感与个性心理品质的关系。在个性心理的结构中，情绪情感是重要的成分之一。良好的情绪情感，有利于形成良好的个性心理倾向，对个性心理品质的塑造起着至关重要的作用；反之，不良的情绪，难以达到预期的效果。

协调教育者与教育对象之间的人际关系。协调人际关系是情绪情感在思想政治教育中一项非常重要的功能，该功能是由情绪情感的外在表现形式——表情的作用决定的。作为协调人际关系的纽带，情绪情感在思想政治教育中，可以使教育者与教育者之间、教育者与受教育者之间、受教育者与受教育者之间相互沟通、相互了解，在情感上实现认同、产生共鸣，建立和谐、融洽、平等的人际关系，从而有利于思想政治教育活动的开展。

6.1.2 思想政治教育实施的情绪期选择

思想政治教育活动是有目的、有计划、有规律的活动，在这个活动中，情绪情感因素是非常重要的一个方面，遵循情绪情感变化规律，依据情绪情感的激活因素和两者最佳情绪配合期，全力营造思想政治教育的情绪情感氛围，创新现代思想政治教育的情绪情感心理学方法，提高思想政治教育实践活动的实效性。

创设情境，找寻最佳情绪共鸣期。思想政治教育前期，通过创设生动、形象、负载正性情绪情感的沟通交流情境，用教育者正性情绪情感的积极投入，激发学生的正性情绪情感，提高教育实效。教育者根据内容的特点和要求，构建多方面、多形式、多途径、立体式的教育情境，充分运用生活中鲜活的图景和例子，通过展示情境、实物演示情境、画面再现情境、音乐渲染情境、表演体会情境等等方式，引导学生深化对理论的认知。

寓教于乐，让共鸣收到最佳效果。教育者要了解受教育者的特点和需要，紧扣教育主题，使受教育者在愉快中认知，思想统一，在愉快中求发展，在进步中找到更大的快乐，达到情绪情感与认知互相促进的目的。

情感共鸣，愉悦身心促教育。从受教育者的需要和认知去激活其情绪，是提高思想政治教育实效性的重要途径。由于个体的需要、认知、个性心理、环境等存在差异，思想政治教育中情绪情感在不断产生和发生变化，教育者要根据这些激活因素，运用以需动情、以理动情、以诚动情等方法，与受教育者达到情感共鸣，努力营造良好的氛围来提高思想政治教育的效果。

建立平等和谐的教育主客体人际情感关系。和谐平等的教育主客体人际关系是思想政治教育的基本原则，可以减少教育者与受教育之间交往的不平衡，提高教育的实效。

当今社会，世界多极化、经济全球化、社会生活多样化。多样化的生活绝不同于单一的生活方式，致使价值观也趋于多样化，社会问题和矛盾突显，不和谐因素增加。1989 年世界卫生组织提出了人类健康新概念，有四个方面的要求：身体健康、心理健康、良好的社会适应力、道德健康。这是对于人作为类本质，即作为一个类所提出的健康要求，不只是对一个人，而是对人这个类，之所以增加“良好的社会适应力和道德健康”，一者说明社会的变迁和转型，社会的快速发展，对于人的适应能力提出了挑战，人就应该适应不断变化的社会，适应社会提出的新要求，这样，才能为社会的进步与发展贡献力量；二者道德健康也是针对人的类来要求的，道德是人与人之间规范的约束，作为以类为居的人，在道德上就应该高于一般动物，人的道德健康才能达到道德高尚，也才能为和谐社会建设做出自己的努力，发挥出每个人的能力。这些要求都是从不同角度和侧面告诫人们要有克服困难、面对逆境保持健康向上的精神风貌。

在困境中，能够平和稳定的调节情绪，客观地分析事物的内在本质，理清思路，把握事物的要领，正确处理好问题，并且成功走出困境的人，就是高逆境商的人；反之，就是逆境商低的人。对逆境的处理方式不同，取得的效果就会不同，这就是逆境商不同带来的不同结果。到现在的研究为止，逆境商还是只有定性，没有量化的指标，相信随着研究的深入和广泛，掌握实践内涵的增多，这种衡量标尺会逐渐纳入社会生活之中，并能够像智商一样通过一定的数值来做出判断。但有一点是可以确认的，那就是：在智商和情商基本相同的情况下，逆境商对一个人的人格完善和事业成功起着决定性作用。大学生作为一个特殊的群体，每个人在智商和情商上虽然有差异，但差异不会太大，所以，从某个角度上说，逆境商就成了决定大学生社会角色成功与否的关键点。

6.2 情绪管理中思想政治教育示范

6.2.1 以失败积累的成功——“逆境大学”的收获

在命运的颠沛中，最容易看出一个人的气节。

——莎士比亚

奇迹多是在厄运中出现的。

——培根

“穷人的孩子早当家”是我们接触到的最平凡、最通俗、最广泛的逆境成才的激励语，我们是否思考过：为什么穷人的孩子能够早当家呢？关于这个问题，我认为：一者穷人的孩子强制性地具有了独立生活的机会，虽然这种机会并不一定是自己愿意得到的，但不得不独立的时候，这个孩子就必须学习独立生活所需的各项技能，其能力就会提高或增强。二者穷人的孩子增加了要承担的家庭责任，由于家穷，家长不可能在家庭的每件事上都面面俱到，甚至什么都照顾不了，所以家庭的责任就落在了孩子的身上，尤其是家长缺乏维持、操持家庭生活能力的时候，孩子就不可避免地要担当起重任。三者作为人是有惰性的，“衣来伸手，饭来张口”，在不用做任何事的情况下生活悠闲自在，谁还会去寻求其他的路径呢？但在生活的压力之下，人就会产生动力，有了动力，就会去勇敢地开辟新途径。四者人在被逼无奈的情况下，就会急中生智。

美国有一部优秀小说名为《汤姆叔叔的小屋》，书中主人翁的原型乔·塞·亨森是一名黑奴，他为了不影响别人的自由而放弃了自己的自由，在历尽曲折道路、战胜重重逆境而获得自由人生和经营上的成功后，坎特博雷主教问他：“先生，你是从什么大学毕业的？”亨森回答道：“逆境大学。”我们会不会也让自己把逆境当作大学来读呢？

既然把逆境看作是大学，那就一定会学到很多东西。“逆境大学”能够培养人才，起码为培养人才服务。那么，我们在“逆境大学”应该学到什么呢？

首先，学会面对困难。逆境作为“大学”，给人提供了困难的境遇，即给人提供了锤炼和学习的重要场所。在困境中，人要学会生存，只有坚强的生存下去，才会有收获更多的希望。现代社会中独生子女增多，优越的生活环境表现得越来越突出，他们从没有遇到过困难或挫折，或是遇到也都由长辈替代解决，自己不具备独立处理困境的能力，更没有经验可谈，这样就导致了其面对困难时不知所措。把逆境作为“大学”，就要在困难来临时勇敢地去面对，而且要沉稳，要积极找寻克服困难的方式和方法，经历过才能增长经验，才能更好地去面对以后出现的困境，不断地在实践中学习。

其次，要学会思考。只有在逆境中人们才能学会如何思考，在顺境中，人们往往顺利而不用多动脑筋就有可能完成自己的目标，但在困境中遭受到失败和挫折以后，需要反省自己做事的整个历程，慎重分析导致自己陷入困境的原因，找到自己的不足，这些思考和经验能为前进打下坚实的基础。困境也不是一成不变的，时机总有转变的时候，在变幻莫测的形势中，要学会把握主流，分析主要矛盾，想尽一切办法促成逆境到顺境的转变。古往今来，经过失败、努力、再失败、再努力，不断在逆境中总结经验教训，最后成功的例子比比皆是。

再次，炼就坚强品格。逆境是锤炼人的好环境，坚强的品格就是在逆境中造就的。一个人总是处在顺境中，就容易少动脑筋、少做准备，就容易忽略了要出现的困难，一旦陷入困境，就可能无所适从，甚至无法承受。在逆境中还能够锻炼人的意志、毅力和克服困难的勇气，人有极力求生的欲望，在思考困境分析困境的同时，一定会找寻生存的技巧和方式，找寻新的出路，在探寻的过程中不断锻炼自己的意志和毅力，这就炼就了坚强的品格，以后再有逆境发生，都会泰然处之。爱迪生为了发明电灯先后试验了 7600

多种材料，失败了8000多次。诺贝尔为了试验炸药，4年时间里进行了400次试验，发生了好几次惊险的爆炸事件，有一次整个实验室都炸飞了，诺贝尔的弟弟和其他几个助手当场被炸死，他的父亲由于惊吓和伤心而半身瘫痪。居里夫人为了找出提炼纯镭的方法，在一间没有人住的旧棚屋里，以惊人的毅力顽强工作了45个月，终于从400吨铀沥青矿、1000吨化学药品和800吨水中提炼出了1克镭，而她的体重却减少了7千克。正是他们把每一次失败都当成一次学习的机会，失败后不气馁，勇敢地坚持，坚强地面对，才能取得成功。

最后，正确处理逆境与人生的关系。人的一生是复杂多变的，可能会遇到很多不如意的事情，当挫折发生的时候，会给我们带来警告、带来提醒。任何事情都是一分为二的，不能单纯把逆境看成不如意，其中也会给我们启迪，告诉我们行不通的路径，缩小了我们在人生交叉口选择的范围。逆境，是一座警钟，它告诫人们，遭遇逆境是思维和行为的不当，它提醒人们，在逆境中奋起是唯一的选择，它教育人们，反思自身不对之处，为前行的路标注灯塔。逆境有人为原因，也有自然因素，所以面对逆境时，不能怨天尤人、消极等待，而是要积极的反思、客观地寻找症结所在，把握人生的每一个路口和关口。不论逆境还是顺境，不管是悲是喜，都是人生必须要经历的内容，顺时不要骄傲，不能盲目乐观，应该未雨绸缪，身处逆境时不要气馁，要奋起前行。

懂得了这些道理，才能发挥逆境的积极功能，才能进一步激发人们的斗志和求胜的欲望。逆境激励着人们焕发青春、斗志、热情和潜能，向着希望的顶点不懈地攀登。

为什么逆境能够称为“大学”呢？

首先，逆境锻炼意志，磨难助推成就。坚强的意志不是每个人天生就有的，是在实践中磨练出来的，逆境是磨练意志的最好教材。逆境为磨练意志设定了最好的教室，提供最好、最为丰富的教具。有一个故事叫“空空的背篓”，讲的是每个人生下来就背着一个空背篓，在人生的旅程中不断的往背篓里加东西，人就不断地承担起种种责任，人与社会接触越多，承担的责任就越多，而这样，人就不断地成熟，承担责任的能力也在不断地增强。一个人不停地高举东西，他就能举起越来越重的东西，一旦他停止了举东西，他原来能举起的重量就再也达不到了。越有困难，人就越想战胜困难，对每一个困难的战胜，都是人生踏上的又一个新的台阶，都能看的更高更远。

其次，危机增加财富，险境拓宽思维。危机是机遇，也是挑战，没有危机，就少了一次学习新东西的机会，每一次危机都会带给人们新的思路和新的方法，这是人生最大的财富，是踏着贫瘠的路走入的财富世界。逆境是每个人不愿意遇到的，既然遇到了就去细化、去反思，把逆境当作财富去珍视，从而去获得、去挖掘。当一个人身处险境的时候，他总会想出逃离险境的办法，这种办法出现的快速、有效、灵验，险境是思维拓展的助推器。蒲松龄如果不是生活遭遇困境，怎么会孤独地待在崂山，写出著名的《聊斋志异》；如果曹雪芹一直顺利，很难想象他能够写出《红楼梦》这一流芳百世的文学巨著；马克思也是遭到流放，在生活极其困苦的情况下，完成了至今对世界都影响深远的《资本论》。

最后，困苦刺激斗志，艰难积累经验。受到威胁、迫害，人生存和成长的斗志反而会被激发出来，从而变得坚强。生活过于顺利，人往往容易忘乎所以。在艰难的历程中，人往往愿意总结教训，积累经验，探索成功的途径，供以后借鉴，少走弯路。刘晓庆说过一句话："人可以被打倒，不可以被打败。"孟子的《孟子·告子下》中："故天将降大任于是人也，必先苦其心志，劳其筋骨，饿其体肤，空乏其身，行拂乱其所为，所以动心忍性，曾益其所不能。人恒过，然后能改。困于心，衡于虑，而后作。"这些都是逆境中鼓励自己、振奋精神的名言。

6.2.2 逆境下思想政治教育的开展

预想就是预先推想或测定，指事前的推想。预想逆境就是预先推定要出现的逆境是什么，有多少好解决好克服，有多少会面临很大的困难，在寻求解决方案的过程中，会得到哪些帮助，怎么去获得这些帮助，最终怎么渡过难关，等等。预想逆境是为了少走弯路。每个人做事之前都要有计划，预先把过程安排好就是为了在实现目标的路途中做好各种准备，减少不必要的消耗、损耗，促使目标顺利实现。

记得有人讲过这样一个故事：有两个球队要参加比赛，一个球队每天到场地上训练，另一个球队则让队员天天设想比赛的场景，遇到什么情况应该怎么应对，把对方每个球员的特点分析透彻，制定好对应策略，针对预想的情况对应训练、强化训练。这样，由于第二个球队能够预料所发生的各种状况，所以在现实比赛中出现某种情况时，就能够进行很好的应对和处理。

预想是一种准备。常言道：有备无患；不打无准备之仗。在做事情之前，都要有所准备，在事情没有发生前就有了方案和措施，当事情真的发生的时候，处理起来就能得心应手，减少困难和漏洞的出现。但逆境的出现和渡过，并不是每个人都能预想到的。人们往往会设想美好的事情，对逆境的预想会缺乏。所以，提倡逆境预想对于涉世不深的大学生来说，应该有很大的指导意义。

预想是主体能动性的体现。主观能动性又称意识的能动性，是指人类所特有的能动地反映世界和改造世界的能力和作用。人不同于一般的动物，人是认识和实践的主体，社会性、能动性是人的特殊特性。马克思曾经说过："蜘蛛的活动与织工的活动相似，蜜蜂建筑蜂房的本领使人间的许多建筑师感到惭愧。但是，最高明的建筑师从一开始就比最灵巧的蜜蜂高明的地方，是他'在用蜂蜡建筑蜂房以前'，已经在自己的头脑中把'它'建成了。"主体的能动性还表明，人们对世界的反映不是消极被动的，而是一个积极主动的不断创造的过程。不是被动地等待和接受事物的出现，而是能动地创造，在遵循规律的前提下，发挥能动作用，使得水能上山，卫星能上天。

预想是在事情未发生之前做出预料和设想，预想逆境就是在日常顺畅的情形下，把能够发生的所有情况都设想出来，以便针对不同情况的发生，做出不同的反应。由于平时把各种情况预想的周全，对处理问题的方式做过构思，在事情发生时，就能够应对自如，得心应手。

对逆境的预想，并不是信心的缺失，正是运筹帷幄的智慧，也只有运筹帷幄，才能决胜千里。

有这样一个故事：一个年轻人想要去征服高山，临行前，去向登山好手请教应该带些什么东西。那位好手告诉他，如果是攀登路径不熟的高山，除了必备的指南针，还应该有一把小刀、一捆绳索、一盒用塑料包好的火柴、一点盐巴、一块透明塑料布和一个哨子。

年轻人很不理解，纳闷地想：上山要这些东西有什么用呢？这位好手看出了他的疑问，就对他说："这些东西大多数不是为你的前进准备的，而是预备你的退路。'有退路'是必要的条件。小刀，在前进时可以切割猎物，可以削竹成剑；被毒蛇咬伤时，可以用来将伤口切成十字，以便你吸出毒血。绳索，在前进时可以帮你攀爬；在朋友遇险时，可以用来营救；在编制担架时，可以用来捆绑。火柴，前时时，可以用来点火煮食；遇险时，可以用来取暖，熬过山上寒冷的夜晚。透明的塑料布，前进时，可用来遮雨；困险在深山时，可以用来御寒；甚至缺水时，可以用它来收集地面的水汽。盐巴，前进时，可以作烹调美食的调味料；困顿时，可以消毒和补充体力，甚至可以帮你吞下平时绝对难以接受的野生食物。至于哨子，前进时可以用来招呼队友；嗓子喊不出声音时，可以吹哨以让救援人员找到你。”年轻人佩服地连连点头，自己只想到怎么去登上山，却没有预想过回不来怎么办，遇到困难怎么办等系列问题，也就是没有预想留给自己的后路，那在遇到险境时就可能会束手无策。

这个故事告诉我们，预想逆境是前行中不可缺少的环节，是有备无患，是事业成功的保障。

在人生的路途上，前进是必然的，是可喜的，但遇到困境时也要准备好后退的路，后退也是经常出现的，是为了更好的前进。我们打枪时，总要把枪托收回来，然后才能发出子弹，是为了射程更远，射的更准。顺利完成后退的路，给自己打下一个更坚固更完备的前行基础，是很重要的。前进时知道自制，预想困难，后退时思维冷静，懂得自保，人生的旅程才是完整的。

6.2.3 逆境中崛起的典范

流沙河的诗《理想》是这样说的：“理想是石，敲出星星之火，理想是火，点燃熄灭的灯；理想是灯，照亮夜行的路；理想是路，引你走到黎明。”目标是一个人前进的标尺，有了这个标尺，人们的努力就有了方向，人就有了奋斗的动力，有了人生引导和动力保障。制定的目标应该有大目标和阶段性目标，每一个人生的不同阶段都应该有一个前行的目标。就像我们走路一样，在一定时间内要有一个到达的目标，也就是确定多长时间到达哪一个路口，再有多长时间到达下一个路口，这样，每到一个路口就有成功的喜悦，每确立下一个路口就有向前走的欲望和动力。

美国耶鲁大学进行过一次跨度 20 年的跟踪调查。最早，耶鲁大学的研究人员对参加调查的学生们提了一个问题：“你们有目标吗？”90%的学生回答说有。研究人员又问：“如果你们有了目标，那么，是否有把它写下来呢？”这时，只有 4%的学生回答说：“写下来了。”

20年后，耶鲁大学的研究人员跟踪数据统计分析当年参加调查的学生们，结果发现，那些有目标并且用白纸黑字写下来的学生，无论是事业发展还是生活水平，都远远超过了没有这样做的学生，他们创造的价值超过余下96%的学生的总和。那么，那96%的学生如今在干什么呢？研究人员调查发现，这些人忙忙碌碌，一辈子都在直接或间接地帮助那4%的人实现理想。

顺境时目标容易确立，人处在顺境时斗志旺盛，头脑清楚、思路清晰。逆境时的目标难以找寻，人在遭遇逆境时由于思维混乱，精神萎靡，头脑昏昏沉沉，生活已经懈怠，目标就更无从说起。因此，在逆境中能够找到目标，并确立目标前行需要勇气，是一种智慧的象征，不仅是必要的，而且是必需的。

越王勾践卧薪尝胆是我国家喻户晓的典故。春秋时期越王勾践被吴王夫差打败后，并不甘心失败，立志报仇雪恨，为了鼓舞自己的斗志，他在屋内悬挂一个苦胆，不管是出入、坐卧，都要去舔食一下这个苦胆，以提醒自己不忘受辱之苦，坚定复仇决心，培养复仇意志和毅力。他睡在木柴上，以使自己不忘亡国之痛。经过多年的磨砺，他的性格越来越坚毅，斗志越来越昂扬，终于使越国强盛起来，最终打败了吴国。这个故事曾一度激励一代又一代人，告诫人在逆境中要有耐心、有恒心、有信心，有头脑、有思想、有谋略，方能扭转乾坤。

洪战辉是大学生中身处逆境而永不屈服的典范。年仅13岁，他便用稚嫩的肩膀承担起照顾家人的重任，他一边勤工俭学，一边照顾患病的父亲和捡来的小妹妹。他曾被评为感动中国人物，他确实感动了我们每一个人。

洪战辉是湖南怀化学院的一名大学生。洪战辉12岁那年，他父亲由于精神病发作摔死了年仅1岁的女儿，之后离家出走。几个月后，他父亲再次回到这个家，并带回了一个被遗弃的女婴。这个“小不点”的到来，虽然给家里带来了久违的欢乐，但贫寒的家境使洪战辉的母亲不得不做出将“小不点”丢弃、让别人拣走的决定。当洪战辉看到“小不点”那依恋“哥哥”的可爱神情时，他毅然决定留下这个可爱的“妹妹”，靠自己的双肩担负起照顾妹妹的责任。

留下妹妹以后，父亲依然病魔缠身，母亲不堪忍受家境的艰难弃家出走。从此，照顾家人的重担落在了年仅13岁的洪战辉肩上。上了高中以后，由于学校离家太远，洪战辉决定带着三岁的妹妹上学。他凭借坚强的毅力度过了人生最艰难的时期，并考上了湖南怀化学院经济管理系。

在那样艰苦的生活环境里，他不但要自己坚持学习，还要照顾好拣来的妹妹、重病在身的父亲。他把妹妹带在身边，打工卖东西就是为了挣钱吃饭，养活妹妹。这期间，他曾遭到很多人甚至学校的误解，许多人认为他就知道钱，可谁能想到一分钱对他来说都无比重要。吃尽了苦头他也从不退缩，遭受众多白眼他也从不动摇对于生活的信心，历经多少磨难他也从不忘记人世间的美好。尽管洪战辉在小小年纪就历尽艰辛受尽磨难，但他从没有向别人道过苦，也没有向别人乞求过，更没有怨天尤人。他从不宣扬自身事迹，他谢绝了师生们对他的捐助，他甚至还用打工挣来的钱资助了另外一名贫困生。

洪战辉，大学生的典范，震撼心灵的榜样！感动了校园，感动了中国，他正真实演绎着“当苦难成为人生的必修课”，他正努力实现着自己13岁时亲手抄录的“超越自我”的座右铭。

罗伯特·麦瑞尔，这位已经演出了近5000场、曾经为9位美国总统演唱过的美国著名男中音歌手，他那震动心灵、令人陶醉的美妙歌声，至今仍令千万人着迷。可是又有谁知道这位在纽约布鲁克林贫民窟长大的小男孩有着严重的口吃毛病，谁又知道他多少次战胜了自己。在学校读书时，他连回答老师的问题都害怕，“那时，我最害怕在全班同学面前被提问。只要我知道哪天我会被提问，我那天就逃学。万一我被提问了，我就站起来背对着全班同学回答问题。同学们都嘲笑我。”后来，他常常站在成千上万人面前演唱，他美妙的歌声常常赢得雷鸣般的掌声。

俄国伟大的作家托尔斯泰也是从一次又一次的挫折中站起来，经历了无数次重新审视自己，最终才成为文学泰斗的。

德国天文学家开普勒，生活中一直多灾多难，在母腹中只待了七个月就早早来到了人世，后来，天花又让他变成满脸麻子的模样，猩红热又弄坏了他的眼睛，但这些都没能阻碍他前行。他凭着顽强、坚毅的品质发愤读书，学习成绩遥遥领先。后来因父亲欠债使他失去了读书的机会，他就一边自学基础知识一边潜心研究天文学。在以后的生活中，他又经历了多病、妻子去世、良师去世等一连串的打击，但他仍然坚强地挺立着，也从未停下对天文学的研究，终于他在59岁时发现了天体绕日运行的三大定律。他把一切不幸都化作了推动自己前进的动力，以惊人的毅力坚持着最终摘取了科学的桂冠。

87岁在睡梦中逝去的海伦·凯勒，曾在出生后18个月就失聪失明，然而却奇迹般地走完了一生。一个丧失了听觉和视觉的人，付出超乎常人的努力，凭借惊人的毅力学会了认字和阅读，成为掌握英、法、德、拉丁、希腊五种文字的著名作家和教育家。她热爱生活，会骑马、滑雪、下棋，还喜欢戏剧演出，喜爱参观博物馆和名胜古迹，并从中得到知识。她21岁时，和老师合作发表了她的处女作《我生活的故事》。在以后的60多年中她共写下了14部著作。

美国著名作家马克·吐温曾经说过："19世纪出了两个杰出人物，一个是拿破仑，另一个就是海伦·凯勒。"如果说拿破仑是战场上的胜利者，是法国大革命时期叱咤风云的乱世豪杰，那么海伦·凯勒这样一位在87年无声无语孤独岁月中拼尽全力去生活的人，就是一个生活在黑暗中却给人类带来光明的强者，一个生活中的勇士，一位绝不向命运低头、立志驱除黑暗的光明使者。她用行动证明了人类可以战胜命运，向人们传递了勇气。

就像巴尔扎克所说："挫折和不幸，是天才的进身之阶，信徒的洗礼之水，能人的无价之宝，弱者的无底深渊。"

6.3 充分发挥情绪管理的思想政治教育效能

科学研究中有证实与证伪两个方面。证实是证明这件事是事实，就是通过研究告诉我们什么是对的，证实当然是重要的。另一方面是证伪，证伪就是通过科学研究证明现在研究的思路和探索想要得到的结论是不对的。有人可能不解，这有什么作用呢？虽然它不能直接回答我们怎么做，但它毕竟告诉我们这条路是不对的，那我们在以后的探索中就不要再选择这条研究道路了，如此，对科学研究来说，就可以少走一条弯路，也就减少了研究时间的浪费。这是从相反的角度提高了研究的可行性和实效性。

科学研究本来就是一个不断地提出猜想、发现错误而遭到否证、再提出新的猜想的循环往复的过程。这样的过程，能够剔除错误，找寻正确，能使科学向前发展。

人的一生，也是一个不断探索的过程，在这个过程中，当然也会有成功与失败，常言道："失败是成功之母。"失败之所以能孕育成功是由失败的特点和失败者的精神决定的。如果一个人在失败中倒下去了，那么也就不会孕育出成功。遭遇失败时，我们必须从失败中总结经验教训，找到失败的原因，改变思路，重新昂扬探索的斗志，失败、奋起，再失败，再奋起，最终定能探寻到正确之路，到达成功之岸。失败的原因是多方面的，但从失败本身来说，它证明了部分路径的不科学性，为科学研究的成功提供了助力。

法兰克·卡尼——必胜客创始人。他给创业者的忠告是："你必须学习失败。"他是这样解释的："我做过的行业有很多种，而这中间大约有些做得还算不错。在事业成功的过程中你总是出击，而且你失败之后更要出击。你根本不能确定自己什么时候会成功，所以你必须先学会应对失败。"他认为自己创立必胜客能成功得益于他从错误中学得的经验。卡尼失败过无数次，可是他能够把失败的经验变成成功的基础。

我们生活于一个竞争激烈的世界，每天都会经历成功，每天也都会经历失败。人们惯用成功和失败来衡量成就，事实上，我们在竞争中积累经验、培育经验才是最重要的。只要学到了经验，从失败中总结教训，分析成败的过程与原因，在今后的旅程中能够不再重蹈覆辙，那些失败的经验都会成为我们寻找到成功的灯塔与标识。

曾任美国副总统的亨利·威尔逊，出生在一个贫困的家庭。当他还在摇篮里时，贫穷巨兽就已经向他露出了狰狞的面孔。当他向母亲要一片面包而她手中什么也没有时他心里是何种滋味，非亲历者勿能体会。他在 10 岁时就离开了家，当了 11 年的学徒工，每年仅可以接受一个月的学校教育。最后，在 11 年的艰辛工作之后，他得到了 1 头牛和 6 只绵羊作为报酬，他把它们换成了 84 美元。从出生一直到 21 岁为止，他从来没有在娱乐上花过 1 个美元，他所花费的每个美分都是经过精心计算的。他完全清楚拖着疲惫的身躯行走在漫无尽头的盘山路上是什么样的感觉……

在他 21 岁生日之后的第一个月，他带着一队人马进入人迹罕至的大森林里，去采伐那里的大圆木。每天，他都是在天际的第一抹曙光出现之前起床，然后一直辛勤地工作到星星探出头来为止。在一个月的辛劳之后，他获得了 6 美元的报酬，当时在他看来这可谓是一笔大数目。每个美元在他眼里都跟天上那又大又圆、银光四溢的月亮一样。

在这样的穷途困境中，威尔逊先生下定决心，决不让任何一个发展自我、提升自我的机会溜走。很少有人能像他一样深刻地理解时间的价值，他像抓住黄金一样紧紧抓住零星的时间，不让一分一秒从指缝间溜走。

在他 21 岁之前，他已经设法读了 1000 本好书。想一想看，对于一个农场里的孩子，这是多么艰巨的任务啊！在离开农场之后，他徒步到 100 英里之外的马萨诸塞州的内迪克去学习皮匠手艺。他风尘仆仆地经过了波士顿，在那里他看见了邦克希尔纪念碑和其他历史名胜。整个旅行只花费了他 1 美元 6 美分。一年之后，他便已经在内迪克的一个辩论俱乐部脱颖而出，成为了其中的佼佼者。后来，他在马萨诸塞州的议会发表了著名的反对奴隶制度的演说，时间相距不到 8 年。12 年之后，他与著名的查尔斯·萨姆纳平起平坐，进入了国会。

对于威尔逊来说，生活的困苦和艰辛并没能阻挡他前进的步伐，他把每一个逆境都当作成功的阶梯，一步步地迈向了成功。

人们常说："物极必反，否极泰来。"这是符合辩证法的。物质的变化发展总是受到一定度的影响和制约，当事冲破了度的界限，事物原本的质和量的统一性就会被打破，矛盾双方向着自己的对立面转化。当量的积累达到一定程度，必然发生质变。

人们也常说："冬天来了，春天还会远吗？"

逆境也是事物发展的一定阶段，在这个阶段中，也会形成新的量积累，逆境给人宝贵的磨练机会，一个人经历丰富，见多识广，积累了许多经验，就会少走弯路。逆境给人提供更多的生活体验，社会是一个大熔炉，人在社会这个熔炉的熔冶过程中，有的成了钢铁，有的成了废渣，生活体验使人成为立体人。逆境让人反思，逆境让人醒悟，逆境让人清醒。只有经得起逆境考验的人，才是笑到最后的人。苏联保卫战英雄尼奥斯洛夫斯基，虽然在保卫战中双目失明，还失去了一只宝贵的手，但他并没有气馁，反而意志更加刚强，用另一只手写出了著名的《钢铁是怎样炼成的》和《暴风雨所诞生的》，他在逆境中寻找到了希望之门。

"宝剑锋从磨砺出，梅花香自苦寒来。"在纷繁复杂的现代社会，在飞速发展的新时代，遇到困难和挫折是不可避免的，在逆境中培养意志，在逆境中寻求希望，让希望之花绽放的更加绚烂，这才是大学生该选择的正确对待逆境的方式。

6.3.1 基于疫情的大学生情绪与思想政治教育

如果每一位大学生进到校园后的一切都很顺利顺畅，那他们产生情绪的波动就会少，情绪平稳时间就会长。但是，除学习困境、生活困境、恋爱等个人困境对大学生的情绪有重大影响外，思想政治教育工作者更要关注整体与个体的结合，亦即国家重大事件或全员重要问题而引起的绝大多数学生的情绪变动。

积极做到因事而化，因时而进，因势而新，不仅是正确的思维方式，也是科学思想方法的深刻概括，更是做好大学生思想政治教育的重要遵循，是正确的方法论述。近两年来，面对突如其来的新冠肺炎疫情，大学生都产生过多种多样的情绪体验，不论是疫情本身，还是因为疫情而出现的特殊管理方式和上课方式，都会对大学生的情绪造成一些影响。由此，受到疫情影响，思想政治教育工作者着实遇到了诸多挑战，这也是新时代思想政治教育工作者必须直面的使命与课题。全球疫情突发，事件的突发性、全局性、感染性让人措手不及。一批大学生保持了镇定，挑起了民族的重任，奔赴一线，积极抗“疫”，彰显了我国思想政治教育的良性效果。对于居家隔离的大学生群体，他们作为青年，有热血、有激情，在疫情突发的情况下，突然不能外出，使他们在心理上受到了一定的冲击。疫情的发生危及人自身的生命安全，有可能会造成大学生内心的恐慌，如何在疫情防控的特殊时期保证大学生的良好情绪状态，是思想教育的着力点。但疫情防控期间特殊的管理和上课方式，又给大学生思想政治教育工作者提出了新的难题：一是不能很好地了解学生思想动态的难题；二是工作方法上，不可能采取面对面交流的良好方式，通过网络的方式存在一定的沟通困难。在做好疫情防范的同时，思想教育工作者要想尽一切可能想到的办法，建立健全心理疏导方案，建构良好的沟通渠道，把握疫情应对的特殊形势，掌握时代境遇下青年大学生思想政治教育的价值引领，用先进人物、先进事迹激励引领正向教育，使战“疫”实践成为思想政治教育常态化，做到心理防“疫”与育人相结合，以增强应对重大疫情突发事件的处理能力和职能作用，努力提升思想政治教育工作的针对性和实效性。

6.3.2 高校思想政治教育工作者是大学生情绪主导的引路人

大学是成就梦想的启航地，是树立正确情绪观的摇篮。思想政治教育工作者是大学生成长成才的领路人，承载着培养优秀学生的初心使命，是高校立德树人的重要实施者。高校思想政治教育工作者不仅要修炼自身的情绪管理能力，更要引导学生认知情绪、释放情绪、调节情绪、管理情绪，让大学生能够充分认知自身情绪特点、更好地把握情绪规律、自觉管理好自己的情绪、发挥出优势情绪的作用，以达到育人的目的。

7 大学生活中的情商培育

当今世界变幻莫测，思想政治教育的内容、方式方法也会多种多样，情绪管理作为在快速发展中展现出来的思想教育方式，在现代管理中越来越多显示出其作用和不可替代性。受多极化和多样化的影响，受控范围和压强都有所不同，在市场经济日趋激烈的条件下，挑战是多方面的，压力也是多方面的，这就要求大学生树立勇于面对、勇于担当的社会责任意识。大学生毕业后在社会上的表现成功与否，不仅取决于在校期间学到的知识多少，而且还要看学到了多少分析问题、解决问题的能力，在更大程度上取决于其面对挫折、摆脱困境和超越困难的能力。因此，在高校教育中，实施素质教育是必要的和及时的，应该把大学生的逆境商培养作为着力点，积极进行大学生的逆境商培养，培育大学生良好的思维反应方式，增强他们的意志力和摆脱困境的能力，以提高大学生综合能力。

美国哈佛大学教育学院心理学家霍华德·嘉纳说："芸芸众生中，命运之神往往青睐生活中的强者——他们不是命中注定有惊人的成就，后天的努力才是他们事业成功的归因，而情商则是命运天平中关键的砝码。"

大学是人的一生中知识储备、性格成熟、人生成长的关键时期，大学不仅是学知识的重要时期，而且是青年成长的关键时期，同时更是培育情商的良好时期。在这个阶段，不仅有着丰富多彩的校园生活，还有着历练人成熟成长的经历，大学生活不是单调的，而是丰富多彩的，多种多样的校园生活催生人的经历，促进人的成长。大学生在学习中，拓宽视野，拓展知识边缘，丰厚知识宝库，领略更多知识，懂得更多道理；在活动中，接触更多事物，开阔眼界，链接更多场景，收获更多体验；在运动中，锻炼身体的同时磨练意志；在交往中，与人互动交流感情，与人往来培育情商。

有人说大学阶段师生关系淡薄，相互交往减少，甚至上完课后就不认识。通常说尊师爱生，这是任何一个阶段都必须具备的"校园美景"，人是社会的主体，教师与学生就是学校的主体，作为主体的人都应该发挥主观能动作用，共同托起明天的太阳。大学阶段，师爱也是必不可少的关爱，师爱是教师对学生的情感以及这种情感在行为上的表现，它包括教师对学生的了解、关怀、关爱、理解、尊重、信任和严格要求等多方面的展示。一般来说，教师教育学生、培养学生和引导学生的过程，就是师爱的付出和流露的过程，大学生正处于青春发育期，是世界观形成的重要时期，教师之爱如涓涓细流，注入学生的心田，在传道中帮助他们释疑解惑。

大学是培养友情的摇篮。中学时代，学生的目标是单一的，为了考试成绩，为了考上大学，对同学之间的情谊考虑较少，或者说不是重点内容。但上了大学，其后面临的就是走上社会，同学间的友情是很大的资源财富，如何处理与同学的关系，这是大学阶段要学习的主要内容之一，通过学习与同学交往的技巧，了解不同性格同学善于交往和合作的方式，有利于到社会中应用时得心应手。

在素质教育中炼就“情商”。素质教育的着力点就是拓宽原有教育的渠道，打破单一知识教育模式，让寓教于乐成为习惯，它要培养学生的思考能力、人际交往能力、适应社会的能力、克服困难的能力、艺术展示能力等，也就是按照人的全面发展的设想和要求来塑造高素质的人才。情商培育作为素质教育中不可或缺的重要一环，是打破了成绩单一性教育的大学所应当首选的教育环节，为的是让大学生走上社会后能够适应变幻莫测的社会现实。

近年来，大学校园中不良行为深深触动着教育者的内心，使教育者不能不反省教育的目的和目标，反思教育的方式和手段，反思教育本身带来的差距。面对校园中种种与时代不相宜、与教育目标不符合的行为，都会引发教育者的思考，引起思想教育工作者的重视。思想政治教育工作者在关注时代发展的同时，更要关注大学生的思想变化，了解大学生的着眼点，做到有的放矢。

大学中还有最后一个环节就是双向选择，对此，不同情商的人会有不同的表现，同时这个环节也能够培育人的情商，提高学生情商运用能力。

在双向选择过程中，现代企业对于面试会设计一系列问题，他们近些年不再重视提问僵硬的知识，知识是永远问不完的，现代企业更倾向于人的精神层面，即情绪、态度、观念，甚至行为习惯，其反应形式则表现在人与人之间关系的处理上。大学生要学会应变，学会转变自己的思想、行为，学会共处，这样在以后的发展中，虽然知识不那么全面（未掌握的知识在实践中可以再次获得），但拥有的立场、观点、思考力、观念等是不容易改变的，这些会终生起到作用。

当今的大学生在家庭中受宠，面对同学、朋友或以后走上工作岗位易遇人际关系障碍。这一代人多埋头于书本，事情由父母包办，一经独立，情商因素就暴露无遗。

细节考验情商，细节决定成败。我看到过这样两个事例：

一是有一个幼儿园招聘园长，确定某天的早晨8点在一宾馆的楼下集合，有个工作人员过来告诉大家说："现在，我们到三楼会议室进行考试。"这时，大家都迫不及待地朝三楼直走上去，二楼的楼梯间有个小女孩在哭泣，很多考生全然没有顾上，有的只是看见了但觉得自己马上就到时间了，也就没有去管她。考试在进行，当轮到最后一个考生上场的时候，怎么也叫不到她，当她气喘吁吁的跑上来时，考试已近尾声。她不动声色，要求继续考试，考官说："你先说明迟到的原因吧。"她照实说了碰到的那个正在哭的小女孩，还有怎么把她送到亲人身边的整个过程，当她说完最后一句的时候，考官坚定地说："你被录取了。一个幼儿园园长，如果没有爱心，怎么会胜任呢？"

二是有个公司招聘办公室工作人员，应聘者排着长队，每一个人进到考场，考官都会为他倒上一杯水，直到结束，桌子上摆满了水杯。应聘者回答的问题都没有太大的差别，最后被录取的，就是那位在回答完问题后，拿起自己喝完水的纸杯然后将纸杯放到垃圾桶里的人。这难道不值得引起思考吗？

情商培育不可忽视，大学是情商培育的重要时期，大学生的情商培育是思想政治教育工作者的艰巨任务。

后　记

在从事思想政治教育工作的过程中，常常思考如何与学生沟通，在与学生建立良性沟通中遇到的最大问题是什么，什么情况下思想政治教育的效果最好等相应问题。基于此，发现每个人的情绪处于不同周期时（包括自己作为教育工作者的角色、也包括教育对象——大学生)，思想政治教育效果有很大差别。工作中，不仅观察学生的这种变化，同时进行相应的调研工作，形成了一些粗浅的认识，凝练成文字，以期能起到相应的作用，为思想政治教育工作者提供一点思路，达到抛砖引玉之目的。

在工作中，得到了领导、同事和朋友的大力支持，对此深表谢意！由于水平有限，不足、错误在所难免，望广大读者批评指正！

参 考 文 献

[1] 王慧君．大学生思想政治教育中的情绪管理方式的对策研究［J］．太原城市职业技术学院学报，2013(11)：116-117.

[2] 廖详云．基于情绪管理的当代大学生思想政治教育方式研究［D］．湖北：华中师范大学，2012.

[3] 梁丽萍．中小学生心理素质教育研究——智商、情商及情商教育［J］．教学与管理，1998(5)：26-27.

[4] 许远理．论情商理论产生的历史背景［J］．信阳师范学院学报（哲学社会科学版），1999，19(1)：67-69.

[5] 张启珩．成功的实验人格的塑造——武昌实验小学音乐的智力与情商教育实验［J］．人民音乐，1999(3)：42-43.

[6] 黄艾华，郝琴．论大学生的情商教育［J］．辽宁商务职业学院学报，2000(2)：7-8.

[7] 赵勇．慎言“情商”——来自反对者的声音［J］．山东教育，2000(5)：9.

[8] 单香珍，熊静宜．外语教学中学生智商与情商的研究与实践［J］．煤炭高等教育，2000(1)：83.

[9] 赵秋长，赵建国．对情感智商的理论回应［J］．河北师范大学学报（教育科学版），2000，2(2)：71-78.

[10] 西武．情商管理与人生智慧［M］．北京：蓝天出版社，2006.

[11] 林文．试论当代大学生情绪管理［J］．中国科技信息，2005(3)：139，125.

[12] 师曙光．情绪管理浅析［J］．太原大学学报，2006，7(3)：84-46.

[13] 王飞飞．大学生情绪管理能力与心理健康的关系研究［D］．重庆：西南大学，2006.

[14] 李丹．情绪管理在大学生思想政治教育中的重要性［J］．现代交际，2015.

[15] 何岚．情绪管理在高校大学生思想政治教育工作中的作用［J］．青年与社会，2014(11)：202.

